Trusted Evaluation Technologies for Internetware

网构化软件可信评估技术

龙 军 著

科 学 出 版 社

北 京

内 容 简 介

本书选取网构化软件可信评估相关理论与技术进行深入的研究，全书共10章。第1~第2章概述服务组合与演化的研究背景、意义及研究现状；第3章提出环境感知的服务可信QoS评价与选取策略；第4章提出信任推理与演化的服务组合策略；第5章提出链路级的可信演化服务组合策略；第6章提出环境学习与感知的服务组合算法；第7~第9章分别提出Web服务体系结构模型、资源组织机制及组合模型；第10章对全书进行总结，介绍取得的相关成果，并展望下一步研究问题。

本书可作为网构化软件的QoS相关理论与方法、QoS评价方法与选取策略研究、信任的QoS推理与演化方法、基于QoS与信任的相关服务组合方法与策略和Web服务组合等相关研究教材，也可供从事相关专业的教学、科研和工程技术人员参考。

图书在版编目(CIP)数据

网构化软件可信评估技术/龙军著. —北京：科学出版社，2015

ISBN 978-7-03-046392-0

Ⅰ. ①网… Ⅱ. ①龙… Ⅲ. ①软件开发-评估 Ⅳ. ①TP311.52

中国版本图书馆CIP数据核字(2015)第277572号

责任编辑：刘信力 李梦华／责任校对：钟 洋
责任印制：张 伟／封面设计：陈 敬

科学出版社 出版
北京东黄城根北街16号
邮政编码：100717
http://www.sciencep.com

北京教图印刷有限公司 印刷
科学出版社发行 各地新华书店经销
*
2016年5月第 一 版 开本：720×1000 B5
2016年5月第一次印刷 印张：11 1/4
字数：205 000

定价：68.00元
(如有印装质量问题，我社负责调换)

前　　言

面向服务的计算逐渐成为开放异构复杂环境中分布应用的主流计算模型。当单一服务不能满足用户的需求时，网构化软件按照共享上下文、将多个功能有限的Web 服务按照服务描述、约束的可用资源及服务组装成满足用户功能的网构软件，产生增值服务。动态网构软件与服务组合技术成为面向服务计算的核心技术，是近年的研究热点。

网构软件的服务质量 (quality of services，QoS) 是服务提供商 (services provider，SP) 赢得市场的关键因素。但是，在开放网络环境中如何保证高 QoS 的网构软件面临诸多挑战。因此，本书紧密围绕如何提高网构软件的 QoS 相关理论与方法、Web 服务组合进行深入的研究，特别是 QoS 评价方法与选取策略、基于信任的 QoS 推理与演化方法、基于 QoS 与信任的相关网构软件构造方法与策略以及 Web 服务组合进行了研究工作。

本书编写特色主要如下。

(1) 内容全面。本书完整地论述信任感知与网构软件构造、Web 服务组合的相关知识，详细论述 QoS 评价方法与选取策略、基于信任的 QoS 推理与演化方法、基于 QoS 与信任的相关服务组合方法与策略以及 Web 服务组合，对相关服务组合进行深入分析。

(2) 通俗易懂。本书由浅入深，全面、系统地论述信任感知与网构软件构件、Web 服务组合的模型、算法性能、模型分析、模型实验结果等内容。

(3) 面向需求。书中的基于环境感知的网构软件可信 QoS 评价与选取策略、基于信任推理与演化的网构软件构造策略、基于链路级的可信演化服务组合策略、网格 Web 服务体系结构模型等都经过大量模拟实验验证，为解决实际问题提供参考。

(4) 图文并茂。对于模型的性能评测、服务组合算法对比等，本书给出大量的图形，让读者一目了然地查看相关结果。

通过本书的学习，读者不仅可以了解信任感知与网构软件构造和 Web 服务组合的相关知识，而且可以掌握可信 QoS 评价与选取策略、服务组合算法、网格 Web 服务体系结构模型和服务组合算法等相关知识，从而以最高的效率研究相关理论和解决实际中遇到的问题。

本书共分为 10 章，主要内容如下。

第 1 章，论述服务组合的定义以及相关组合的机制与机理，服务质量对服务组合的影响；综述服务组合、可信服务演化的国内外研究现状。

第 2 章，论述服务组合技术及其可信性问题，分析服务组合研究中存在的挑战，讨论目前国内外主要服务组合的相关技术、方法以及相关研究项目进展情况；对当前服务的可信 QoS 评价、可信与 QoS 服务的快速组合方面和大数据与云环境下服务组合 QoS 研究进行论述。

第 3 章，提出一种基于环境感知的服务可信 QoS 评价与选取策略，主要包括实体的信任模型与信任评价、服务可信 QoS 评价与选取策略、实验参数设置、环境感知的服务可信 QoS 评价性能测评等内容。

第 4 章，提出一种基于信任推理与演化的服务组合策略，主要包括公共模型系统及其信任演算、实体自身的信任模型与信任演算、集合演算逐步推理的信任演化、模型分析与实验结果等内容。

第 5 章，提出一种基于链路级的可信演化服务组合策略研究，主要包括服务代理系统及其信任演算、直接信任模型与信任演算、基于链路级的信任演化与服务组合、模型分析与实验结果等内容。

第 6 章，提出一种基于环境学习与感知的服务组合算法，主要包括一般微粒群算法与服务组合、基于环境感知的粒子群算法、算法分析与实验结果等内容。

第 7 章，提出一种有效负载均衡的网格 Web 服务体系结构模型，主要包括资源组织树系统、区域代理自治系统、用户与 WSRRC 系统、GWSF 模型的原型系统、GWSA 模型的分析等内容。

第 8 章，提出一种网格环境中一种有效的 Web 服务资源组织机制，主要包括区域自治系统、用户系统、WSNS 系统、GWSA 模型的原型系统、GWSA 模型的分析等内容。

第 9 章，提出一种基于生成树的 Web 服务组合模型，主要包括 Web 服务组合覆盖网络、Web 服务组合算法、系统性能分析等内容。

第 10 章，对全书进行总结，介绍取得的相关成果，并展望下一步研究问题。

本书结构清晰，内容丰富、论述详细得当，适合研究信任感知与网构软件构造、Web 服务组合、服务组合算法、可信 QoS 评价与选取策略的学者阅读，可作为需要全面学习信任感知与网构软件构造的学生教材，也可供广大理论科研工作人员参考。

本书以国家高技术研究发展计划 (863 计划) 课题 “网构化软件可信评估技术与工具”(项目编号：2012AA011205)，国家自然科学基金面上项目 “面向服务计算模式软件的 QoS 计算方法研究”(项目编号：61472450) 以及 “无线传感器网络中抵御洞攻击的机制与方法研究”(项目编号：61379110)，国家重点基础研究发展计划 (973 计划)“煤岩性状识别与采掘状态感知原理及实现”(项目编号：2014CB046305) 等众多国家、省部级科研基金项目为支撑，积极开展相关研究工作并取得了相关成果。

本书主要由龙军教授执笔。其中第 1～ 第 2 章由龙军、朱宁斌撰写；第 3～ 第 6 章由龙军撰写；第 7～ 第 9 章由刘安丰、龙军撰写；第 10 章由龙军、朱宁斌撰写。最后，本书的完成是在同行专家的指导、帮助下完成的，在此向他们表示衷心的感谢。

由于时间仓促，加之作者水平有限，所以疏漏和不足之处在所难免。在此，诚恳地期望得到各领域的专家和广大读者的批评指正。

龙　军

2015 年 8 月

中英文术语对照表

中 文 术 语	英 文 注 释
服务质量	quality of services
群集系数	clustering coefficient
服务代理	service broker
信任评测中心	credit rating center
服务覆盖网	service overlay
组合控制	composition control
桩	strut
区域自治代理系统	areaproxy autonomy system
Web 服务资源组织树	Web services resource organizing tree
Web 服务资源注册中心	Web services resource register center
超级簇中心节点	super cluster center node
二级簇节点	second cluster node
三级簇节点	third cluster node
开放网格服务体系架构	open grid service architecture
Web 服务解析系统	Web services name system
区域自治系统	area autonomy system
网格 Web 服务体系	grid Web services architecture
解析器	resolver
服务消费者	services customer
Web 服务	Web services
粒子群算法	particle swarm optimization

目　　录

第 1 章 绪 论

1.1 面向服务计算介绍及其意义

随着计算机网络技术和应用的迅猛发展，在开放的网络环境下实现跨组织的网络资源共享与应用集成已成为商业、科学研究、军事等各个领域中具有广泛需求的基础性研究课题[1,2]。特别是随着 Web 服务技术[3] 的发展，为提高 Web 服务的可重用性，当单一服务不能满足用户的需求时，需要按照共享上下文，将多个功能有限的 Web 服务按照服务描述、可用资源及服务等进行服务组合，实现用户定义的组合目标，产生增值服务[4,5]。Web 服务已成为公认的实现服务的主流技术选择，这使得动态 Web 服务组合[6,7] 技术成为面向服务计算的核心技术，是近年的研究热点。

另一方面，日益增多的 Web 服务，不可避免地大量出现具有相同或者类似功能但 QoS 不同的服务，这些服务可组合出成千上万的具有相同功能与不同 QoS 特征的服务组合。用户对服务组合具有不同的 QoS 需求，而且用户所关心的 QoS 属性也不相同，因此，根据用户需求，基于 QoS 的服务组合可以极大地提高 Web 服务在深度和广度上的应用[8,9]。

此外，由于 Web 服务环境的开放性、自治性以及网络存在的不确定性和欺骗性等特征，尤其是第三方提供商出于某种利益，可能会提供不完整的、虚假的甚至恶意的服务，使得获取满足用户需求的高质量 Web 服务变得非常困难。在这种情况下，交易双方的信息不对称性会严重影响 Web 服务质量, 即增加服务使用的风险。因而，构建有效的以信任为基础的服务组合技术是提高服务组合质量另一个至关重要的因素[10]。

因此，对基于信任感知与演化的 Web 服务组合方法的深入研究[11,12]，不仅具有重要的理论意义，还具有重大的实用价值，它是 Web 服务研究领域中的一个重要的分支和热点，国内外的研究机构和人员在这个领域开展了多方面的研究工作，并已取得了一定的研究成果。但是作为一项新兴的研究课题，动态基于信任的 Web 服务组合计算框架、模型理论、关键技术、实现机制等各方面还值得深入研究[13]，很多关键问题有待解决，具有广阔的研究空间。本书以国家高技术研究发展计划 (863 计划) 课题 “网构化软件可信评估技术与工具”(项目编号: 2012AA011205)，国家自然科学基金面上项目“面向服务计算模式软件的 QoS 计算方法研究” (项目编号：61472450) 以及“无线传感器网络中抵御洞攻击的机制与方法研究”(项目编号：61379110)，国家重点基础研究发展计划 (973 计划)“煤岩性状识别与采掘状态感知原理及实现”(项目编号：2014CB046305) 等众多国家、省部级科研基金项目为基础，深入研究基于信任感知与演化的 Web 服务组合关键技术与方法。

1.2 服务组合的特点

Web Services[14,15] 作为当前一种新的软件和服务组合增值实现，目前已被广泛接受和成功使用。服务组合实际是包含了一系列相关技术的总和，如服务的定义、发布、查找、执行、组合服务的描述，以及服务组合执行流程的操作规程、流程、执行的上下文、失败恢复等相关描述等[16,17]。W3C(world wide Web consortium) 将 Web Services 定义为一种由 URI 标识，能够定义其接口和绑定状态，通过 XML(extensible markup language) 来描述，被其他软件应用程序使用基于互联网协议的 XML 消息来直接交互的软件应用[18]。Web 服务所生存的互联网络是一种无中心、自治的复杂系统，自身具有非常大的动态性与随机性，有研究人员采用复杂动力学系统来研究这种复杂性。互联网络的复杂再加上 Web 服务本身异构、模块化、动态性、Web 调用等特点，导致 Web 服务组合的研究非常具有挑战性。

基于服务质量选取的 Web 服务组合策略与方法是一种较有前景的方法[19]，在这类研究中，即对于满足聚合流程模型单个服务结点功能需求的一组服务，根据服务的各个 QoS 参数信息进行加权和排序，并以此为依据分别为服务组合程模型的各个服务结点选择加权和最大的服务来执行流程服务结点的功能。文献 [20] 使用引导服务质量 (bootstrapping QoS) 的方法来选取最优的服务组合策略。该方法选取如表 1-1[20] 中所示参数来进行 QoS 模型。

表 1-1 QoS 模型参数

QoS			
延迟时间 (latency)	安全 (security)	执行时间 (execution time)	ACID 事务 (transaction ACID)
调节 (regulatory)	吞吐率 (throughput)	异常处理 (exception handling)	事务处理时间 (transaction time)
有用性 (availability)	权限 (competence)	可靠性 (reliability)	诚实性 (honesty)
可用性 (usability)	完整性 (integrity)	可测试性 (testability)	容量 (capacity)
健壮性 (robustness)	支持的标准 (supported standards)	准确性 (accuracy)	修改性 (modifiability)
执行价格 (execution price)	时效性 (timeliness)	可扩展性 (scalability)	可访问性 (accessibility)
互通性 (interoperability)	响应时间 (response time)	稳定性 (stability)	其他 QoS

部分 QoS 的参数定义如下。

延迟时间 ($QoS_{Latency}$) 延迟时间表示发送请求和接收响应之间的往返行程延时 (round-trip delay，RTD)。

执行时间 ($QoS_{Execution}$) 一个服务的执行时间是指服务运行并处理其活动序列的时间。

响应时间 ($QoS_{Response}$) 服务的响应时间是指处理并完成服务请求所需的时间；响应时间包括执行时间和延迟时间，$QoS_{Response} = QoS_{Execution} + QoS_{Latency}$。

吞吐率 ($QoS_{Throughtput}$) 服务的吞吐率是每单位时间服务处理的请求数量。吞吐率取决于该服务计算机的功率，它是通过在一段时间内发送许多请求，然后计算响应的数量来衡量。吞吐率有如下等式：$QoS_{Throughtput} = \frac{请求数量}{时间}$。

有用性 ($QoS_{Avaiability}$) 服务应该可以直接被调用。一个服务的可用性是指一个服务已启动，现在被访问使用的概率。等式如下：$QoS_{Avaiability} = \frac{运行时间}{总时间}$。

可靠性 ($QoS_{Reliability}$) 一个服务的可靠性或成功率是指在规定条件下，一个服务执行其功能“没有失败”或“响应失败用户”的能力，并且与可用性有关。

可访问性 ($QoS_{Accessibility}$) 可访问性是指服务处理客户机的请求的能力。

通过分析这些引导的 QoS 与他们监测的 Web 服务，得到表 1-2[20]。在该表中 Web Services 被简写为 WS，时间为毫秒 (ms)。持续几天来测量监测的 QoS；每次重新评估平均值和更新 QoS 数据库的最终值。

表 1-2 被监测的 Web 服务和引导的 QoS

WS	QoS						
	$QoS_{Response}$	$QoS_{Latency}$	$QoS_{Execution}$	$QoS_{Throughtput}$	$QoS_{Avaiability}$	$QoS_{Reliability}$	$QoS_{Accessibility}$
WS1	193.5	182	11.5	1.428	94.62	99.995	99.156
WS2	311.82	260	51.82	1.455	94.97	99.990	97.487
WS3	379.4	208	171.4	1.094	98.24	99.990	98.006
WS4	1500	1100	400	0.8	87.48	99.988	87.195
WS5	586.18	207	379.18	1.712	97.57	99.98	96.564
WS6	475.4	207	268.4	1.526	87.77	99.982	96.363
WS7	663.78	331	332.78	1.528	93.54	99.994	98.187
WS8	241.07	214	27.07	1.422	97.13	99.993	98.659
WS9	975	860	115	0.9	91.35	99.992	93.359
WS10	345.3	288	57.3	1.352	57.53	99.994	98.323
WS11	392	179	213	1.176	100	99.987	97.777
WS12	350.34	316	34.34	1.518	96.94	99.995	98.431
WS13	777.45	317	460.45	1.692	96.81	99.994	98.263
WS14	300	246	54	1.1	72.3	99.867	67.424
WS15	205	174	31.05	1.372	100	99.993	98.901
WS16	897	453	444	1.77	97.79	99.994	97.402

得到不同参数对应的时间后，再监测返回的 Web 服务和对应的引导 QoS，根据所用的时间来分析最优的服务质量组合。

因此基于 QoS 的服务组合策略主要研究从多个功能相同的服务中选取优化的服务以使服务组合的质量最高[8,21−23]。不仅服务实体的 QoS 影响服务组合的服务质量，而且服务实体的可信性对服务组合 QoS 的影响更大。由于 Internet 环境的开放性和动态性以及 Web 服务的随机不确定性，虽然互联网上具有功能等价且可相互取代的服务非常丰富，但用户得到高质量的服务组合却较为困难[24,25]。其中最主要的原因在于：服务组合的各参与方都有可能存在恶意、欺诈、虚假的可能性。一些研究采用信任演化机制来提高服务组合质量[10,11,26]。采用信任机制来规范服务交互行为是一种较好的机制。所谓信任模型，是指建立量化的评价体系，以信任值来度量服务实体的“可信程度”，也同时体现了实体参与服务组合的主观态度[27]。但总体来说，当前基于信任的服务组合研究还处于深化阶段，还未能建立一种适用于实际应用的可信演化体系结构与演化机制。不仅服务实体的 QoS 与可信性影响服务组合的服务质量，而且服务组合间还存在一定的依赖性与关联性[28]，而这种依赖性与关联性对服务组合的 QoS 也起到重要的作用，而且服务组合实体间的这种依赖与关联性往往无法在事先确定，它是在服务组合的交互行为中产生的，并且随着服务组合的进行而演化与发展，因此，如何深入探索与确定服务实体间的这种依赖与关联关系，并充分利用这种关系以提高服务组合的 QoS 是服务组合的一个新的特点，值得进行深入研究。

服务组合为适合市场需要，往往需要具有快速组合的能力[29]。但互联网络中的服务浩如烟海，从中选择可信的高 QoS 实体的工作量是非常巨大的，在某种程度上来说也是不现实的。因此，快速服务组合的机制与方法即是服务组合的现实需要，也是服务组合的一个特点，值得深入研究。

综上所述，如何满足服务组合的特点以及迫切的现实需要，研究与探索高服务质量的服务组合方法与机制，建立一种自适应演化的信任演化与推理机制与策略，探索与确定服务实体的依赖与关联关系，从服务的 QoS、可信性、服务实体间的关联与依赖性等各个方面综合加强与提高服务组合的 QoS，并提供快速服务组合的机制与方法的研究具有非常重要的意义。本书依据服务组合的以上特点，将在服务的 QoS 与信任评价，信任与 QoS 的服务组合，服务依赖与关联的快速服务组合等方法进行有效的工作，以推动服务组合实用化进程。

1.3　信任感知与演化的 Web 服务组合

虽然互联网络上能够提供的服务非常丰富，但是用户实际能够得到的服务并不多，除了服务的动态产生，动态消失等方面的原因外，服务的可信性是其中最重要的原因之一。因此，在很多服务组合的研究中，服务的 QoS 与可信性研究是其中的重要内容。

1. 服务的 QoS 与可信性评价研究

在一些研究中，假设服务组合的执行者对网络中所有实体的 QoS 与可信性是可知的。但在实际中，系统是难以得到各服务实体的 QoS 以及可信性。服务的可信性是评价服务 QoS 的前提，如果服务的可信性不能保障，其单纯的 QoS 是没有意义的[10,11]。而且服务的 QoS 评价是与可信性紧密相关的，只有在可信前提下的高 QoS 才是有效的 QoS。因此，如何获取与感知服务实体的 QoS，以及服务的可信性成为服务组合的重要前提。文献 [30] 通过找到高效的 Pareto 最优解，来研究 QoS 感知的 Web 服务组合。提出的 Pareto 集模型主要用于服务组合，通过 Pareto 最优方法和效用函数的方法之间的连接来证明其普遍适用性。对 6 类 QoS 属性进行系统的研究，并讨论其聚合函数。Pareto 选择技术用来减少搜索空间，并设计一种称为 DPSA 的分布式算法。利用多层次的整合组件和并行的思想，提出的 Pareto 方案能够显著提高效率，同时保证最优的服务组合。理论分析和实验结果验证了该方法的有效性。总之，该方案将提供一个理论框架，并为大型网络服务系统中的服务组合提供一个切实可行的解决方案。文献 [31] 提出一种方法来预测 QoS，以此来提高可行性评价。该方法基于其他用户的 QoS 体验、环境因素以及用户输入因数，首先使用转发功能的信息模型和基于特征模型来计算两个用户的相似性。然后考虑以往信息，环境和用户的输入，如带宽和数据大小。在计算用户的相似性之前，选择一组具有最高相似程度与目标服务的 Web 服务，而不选择所有的服务。缺少的值可以通过类似服务的数据来计算。实验结果证明该方法是可行的和有效的。

目前，已经有相当多的研究在进行 QoS 评价时，考虑其可信性，并用可信性对其 QoS 进行修正。虽然提出了各种各样的服务实体信任评价方法，但如下多种形式的信任识别问题依然还值得研究[32,33]：①实体提供虚假的、不可信的、恶意甚至攻击性的服务[32,33]。②智能伪装，恶意实体在收到服务请求时按概率提供非可信的服务[32,33]。③串谋，恶意实体串谋形成作弊的小团体，通过互相“吹捧”方式，增加小团体的信任度或同时贬低某些实体的信任度或伪造信任度[32,33]。④间谍，串谋的一种。某些实体本身的行为规范，在获得高信誉值后，推荐恶意同伙上的非可信服务[32,33]。

相当多的研究认为可信的实体做出的 QoS 评价是准确的[9,34]，只有不可信的实体才做出不真实的评价。但实际上，可信实体由于受到服务组合环境的影响，其做出的评价也不一定真实反映服务的实际 QoS。特别在动态多变化互联网络中，由于组合环境的急剧变化，使得可信实体对同一个服务实体的可信性评价在同一时期变化非常大，而在实际上，同一个 SP 实体能够提供的 QoS 与可信度是一致的、并没有变化。可见，即使是可信的服务实体做出的服务质量与服务可信性的评价也是不相同的，需要根据服务实体做出评价的服务组合环境，即使是可信实体做出的评价也要做出适当的修正。而不能完全不加条件地采信可信实体的评价结果。可见对服务实体的 QoS 与可信性进行评价是一项具有挑战性的研究。

2. 基于信任感知与推理的服务组合研究

有一些支持 QoS 的服务组合，试图选择出 QoS 较高的服务来进行组合，以得到高 QoS 的服务组合。这种策略是基于这样一种理念：即如果组成服务组合各个服务的 QoS 高的话，那么组合出来的服务组合 QoS 也必然高。但在实际中，这种策略并不具有普遍性，单个服务 QoS 高的“强强联合”其服务组合 QoS 不一定高。在服务组合中，由于服务的个性化差异，导致即使组成服务组合的每个服务 QoS 高的服务组合并不一定好。而某些单个服务质量并不高的服务，组合成的服务组合其整体 QoS 却较高。这种情况与社会和自然界的现象是类似的：如弱势实体的优化组合往往能够击败强势实体的组合，或者不太优异的实体结合往往能够产生优异的下一代，而优异的实体结合有可能产生平凡的下一代。可见，相互“匹配”比较好的服务组合其整体服务质量才高，而这种优化并不是能够依据外在的计算与 QoS 量化能够推理出来的，很多是在服务组合的交往中，逐步融合，逐步适应，甚至逐步调整，从而使服务组合朝着良性优化的方向发展。可见，试图仅通过对 QoS 的优化计算来达到服务组合优化的策略，其实际效果不一定能够得到保证。

文献 [35] 提出用服务“匹配”的模板，以确定服务之间的依赖关系。由于分布式服务计算环境中的服务浩如烟海，服务是动态产生，而又动态消失的。服务之间的依赖与“匹配”关系同样是纷繁复杂，随时间与条件而动态变化，动态产生，动态消失，分化与组合。因此，采用“匹配”模板的固定方式，不一定适合于将新增，扩展的服务纳入“匹配”的模板，也不一定适应服务的动态情况，以及复杂的计算问题。这说明需要一种略自适应的演化策略来发现、计算与确定服务间的“匹配”关系，并利用这种“匹配”关系来指导服务组合，从而提高服务组合质量。

文献 [36] 提出用矩阵分解 (matrix factorization，MF) 模型来选取合适的服务关系。该方案提出服务社区扩展 MF 模型 (service neighborhood extended MF model，SN-EMF) 和用户社区扩展 MF 模型 (user neighborhood-extended MF model，UN-EMF)，并采用两种方式分别整合两种类型有价值的信息：一种是以往 QoS 记录中第 k 相似的邻居，而另一种是所述地理位置信息。然后，聚集两种方式所得到的结果，结合两种模式变成一个统一的服务框架的建议 (unified service recommending framework，U-EMF)，U-EMF 由线下和线上两部分组成。最后，通过大量实验来证明三个模型的有效性，尤其是 U-EMF 模型在性能方面有较大提升。

虽然有不少 QoS 优化的研究，并采用智能算法来研究全局优化的服务组合。如采用 GA 算法来进行全局搜索以得到全局意义上 QoS 优化的服务组合。但是这种方法在实际中可能在时间上并不一定效率较高，并且在实际应用中，并不一定需要得到全局 QoS 优化的服务组合，而得到次优的，而快速反应的服务组合才是应用的核心所在。基于信任演化的服务组合系统能够在前期演化过程中形成相对较为固定的合作关系，从而起到一种“短路径”的效应，快速地进行服务组合。

因此，在快速组合中，如何确定与反映服务主体在与服务交互之间信任关系，通过信任关系的传递，组合等演化关系形成一种服务与服务间可信与可用的稳定关系，以便在将来的服务组合中快速地进行服务选择与组合；另一方面，对用户来说，如何依据实际的服务过程来不断计算和预测客户的偏好。在组合过程中，依据客户的偏好以及提供多种定制场景，客户可以根据自己的需要在某一种组合场景下进行定制，以此为基础，客户的偏好又可以得到重新估计。

因此，基于信任感知与演化的服务组合技术还存在许多开放性，具有一定的挑战性，值得广大研究者进行深入系统的研究。

1.4 国内外相关研究项目

近几年来，面对市场的强烈需求，国内外有关 Web 服务组合的研究项目迅速增长，出现了不少的研究成果，国内外的相关典型的研究项目如下。

SWORD 是一种使用基于规则的专家系统构建复合 Web 服务的开发工具[37]，是由美国斯坦福大学提出的，主要应用于组合信息提供服务。SHOP2 是一种人工智能规划方法，其方法、工具和在 Web 服务组合中的应用[38]。相关的研究还有 Kimm 和 Gil 提出了一个允许用户直接进行交互的服务组合框架[39]，Bul'ajoul 等[40] 提出了通过 QoS 和并行技术改进的网络入侵检测系统。Dastjerdi 等[41] 提出了 QoS 感知和基于本体服务部署的跨云框架 CloudPick。

国内上海交通大学的曹健等提出了基于目标驱动和过程重用的 Web 服务客户化定制模型[42]。建立虚拟的服务组合基础设施平台一直是服务计算的建设者所积极倡导的方法[43]，如中国科学院的 Vega[44]、VINCA[45] 等项目在这方面做了很好的工作，其中 VICNA 项目在服务的连接，交互方法，业务联盟的组织方法做了大量的研究，申请了国家专利 4 项，分别是：①网络环境下的适应性服务连接器及连接方法 (200410062339.0)；②简化 Web 服务客户端构造的交互引擎及交互方法 (200410083622.1)；③一种基于业务策略的应用动态联盟组织方法 (200410056816.2)；④一种业务本体驱动的企业级服务描述、注册与发现的方法 (200410056817)。华中科技大学金海教授等提出了一种服务虚拟化的方法 (CGSP)[46]，CGSP 将一组由不同提供者提供的，具有相同语义模型的物理服务 (PS) 聚合成一个虚拟的整体，称之为虚拟服务或超级服务 (VS)。服务提供者遵循虚拟服务的规范信息，注册其开发部署的物理服务，以实现不同的服务等级或容错，具有较好的借鉴意义。北京航空航天大学的 CROWN 系统也是一个较为典型的服务计算平台[47]，具有统一资源注册，查找与管理功能。

1.5 本章小结

本章主要论述了 Web 服务在面向服务计算环境中的重要性，服务组合的定义以及相关组合的机制与机理，服务质量对服务组合的影响；综述了服务组合，可信服务演化的国内外研究现状。

第2章　可信服务组合相关技术研究

2.1　Web 服务概述

Web 服务作为一种新的技术应运而生，它是一种崭新的面向服务的分布式计算模型，通过 Web 服务，可以实现 Web 上数据和信息的有效集成[48,49]，并依据 Web 服务，将功能单一、有限的服务组合成灵活的复杂的服务组合[50,51]。由于服务组合有希望成为下一代面向服务计算环境的重要而有效的解决方案，蕴藏着巨大应用前景[52]，引起了研究人员的广泛兴趣。虽然服务组合具有广阔的应用前景与研究空间，但仍有很多关键问题有待解决，同时也存在着很多挑战。本书以服务组合技术当中需要解决的基于可信的服务 QoS 评价[53]、快速服务组合方法与策略作为研究对象，进行深入研究。

2.1.1　Web 服务的定义

Web 服务具有面向 Internet 的共享功能与信息、支持互操作机制的开放协议和方法，已得到学术界和工业界的广泛认可[48−50]。按照文献 [50] 的定义，Web 服务可以定义为一个三元组：WS=(D,F,Q)，具体含义如下：

(1) 三元组中的 D 是服务的基本定义与描述，可以是服务 ID、服务名称、服务的商业实体以及服务的文本描述等[50]；

(2) 三元组中的 F 是服务功能描述，包括服务的接口参数 Parameter、前置条件 Precondition 和后置条件 Postcondition 等服务功能的描述[50]；

(3) 三元组中的 Q 是对服务非功能质量属性的描述，又称服务质量 (QoS)[50]。

由以上定义可知，Web 服务是一种部署在 Web 上的对象/组件，构建在标准的 Internet 协议 (如 HTTP、XML 等) 之上。当服务请求者从服务代理得到调用所需服务的信息之后，通信是在服务请求者和提供者之间直接进行，而无须经过服务代理。Web 服务体系使用一系列标准和协议实现相关的功能，例如，使用 WSDL(web service description language)[48] 来描述服务，使用 UDDI(universal description，discovery，integration) 来发布、查找服务，而 SOAP(simple object access protocol) 被用来执行服务调用[49]。

2.1.2 Web 服务体系结构

Web 服务的体系结构是基于三个角色 (服务提供者、服务消费者、服务注册中心) 和三个操作 (发布、发现、绑定) 构建的[33,50]，服务提供者通过在服务注册中心注册来发布可用的服务，服务消费者 (用户) 通过在服务注册中心查找服务注册记录来发现合适的服务，找到合适的服务描述后，根据服务描述，绑定服务提供者提供的服务以使用该服务[50]。图 2-1 表示了 Web 服务的架构[50]。

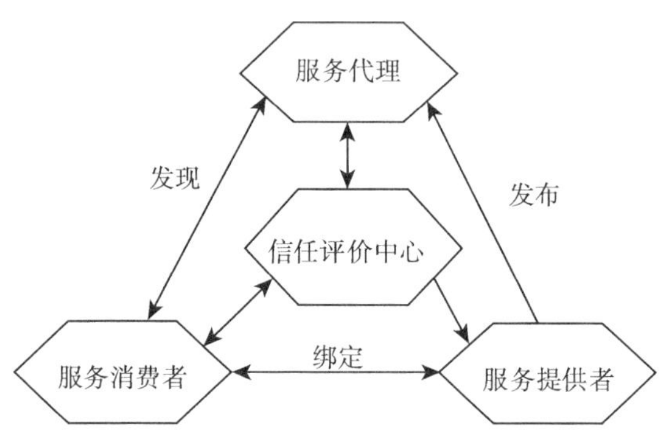

图 2-1　服务组合体系结构

事实上，Web 服务是 SOA(面向服务的体系结构) 的一种实现方式[23]，在提供服务描述、注册和发现机制的基础上，可进一步实现服务环境中的事务机制、安全机制等。SOA 中的每个实体都扮演着服务提供者、服务消费者和服务注册中心这三种角色中的某一种 (或多种)，并完成服务发布、发现和绑定三种操作。

2.2 服务组合研究现状

2.2.1 服务组合的定义

Web 服务组合在不同的文献中有不同的定义。例如，文献 [54] 认为："服务组合可以利用较小的、较简单的且易于执行的轻量级服务来创建功能更为丰富、更易于用户定制的复杂服务，从而能够将松散耦合的、分散在 Internet 上的各类相关 Web 服务有机地组织成一个更大更适用的系统，支持企业内、外部的企业应用集成 EAI 和电子商务等网络应用。"[54]

文献 [55] 对服务组合的定义是："服务组合的目的是通过将已有服务集成为新的服务，实现单个服务无法实现的功能。单个服务称为成员服务，组合后形成的新服务称为组合服务。"[55]

2.2.2 服务组合的相关研究现状

图 2-2 表示的是当前网络中服务的实际服务组合的典型场情，服务分布于互联网络中，一般用服务覆盖网来表示。图 2-2 中显示了 8 类服务及其副本的部署情况 (在图中用 S 表示服务，例如，$S_{6\text{-}1}$ 表示具有相同或者相似功能的第 6 类服务的第一个副本，Host 表示服务所在的主机，一个主机上可能有多个服务)。用户可以向服务覆盖网中任意一个节点提出个性化定制服务请求。在图 2-2 中，用户如果提出采用服务组合的序列为 $S_1 \to S_2 \to S_3 \to S_4 \to S_5$ 时，称为组合模板路径，表示它只代表了一类组合模板的路径。由于 S_2、S_3、S_4、S_5 都有几个提供相同功能的副本，因此，可以有多条组合路径来完成这些服务组合。例如，图 2-2 用带箭头的虚线表示出来两条路径，分别是：路径 $S_1 \to S_{2\text{-}2} \to S_{3\text{-}2} \to S_{4\text{-}2} \to S_{5\text{-}3}$ 以及路径 $S_1 \to S_{2\text{-}1} \to S_{3\text{-}1} \to S_{4\text{-}1} \to S_{5\text{-}2}$，实际上还可以有多个组合路径，例如，路径 $S_1 \to S_{2\text{-}1} \to S_{3\text{-}2} \to S_{4\text{-}2} \to S_{5\text{-}2}$；路径 $S_1 \to S_{2\text{-}2} \to S_{3\text{-}1} \to S_{4\text{-}1} \to S_{5\text{-}3}$ 等。而不同的组合路径，用户得到的服务质量是不相同的。

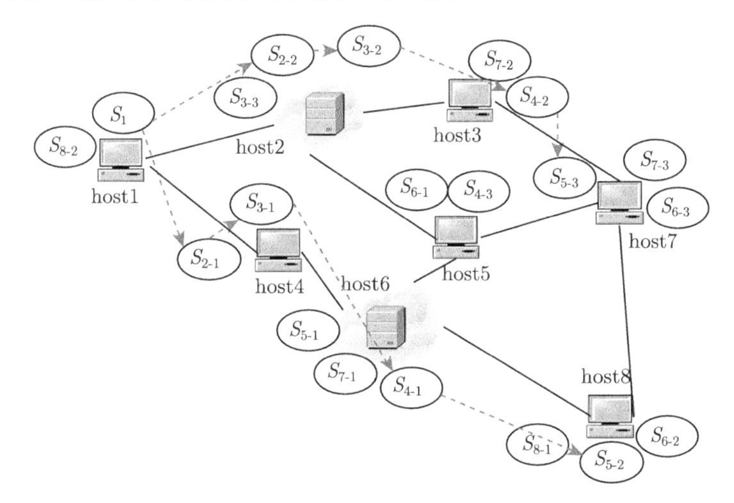

图 2-2 基于互联网络的服务组合模型

另一方面，以服务协同环境为基础，而从目前服务提供的方式看，它可以分为如下三种。

(1) 单一服务：这是目前使用的最为广泛的一种服务形式，每个服务提供者只提供自己单一的服务。例如，大部分的网站系统就可以是用户能够直接访问的单一服务。由于功能单一，而且服务逻辑已经封装在代码中，因此单一服务是无法提供足够的个性化定制能力的。

(2) 复合服务：在实际中，单一服务提供的功能往往无法满足需求，需要将多个相关的服务通过协议如 BPEL4WS[50]、BPML 被聚合在一起，作为一个复合服务提供给用户。BPEL4WS 和 BPML 的目标是在过程中将服务的引用从真正的服务实现中抽象出来，这将有助于在过程部署的时候 (部署时绑定) 或者执行的时候 (执行时绑定) 为每一个活动选择正确的服务实例。

(3) 服务过程：为了适应动态业务的需要，某些研究机构提出了服务过程的概念，服务过程独立于各个具体的服务，当创建服务过程实例时，依据具体的场景为每一个活动匹配相应的服务，从而构建一个复合服务。例如，METEOR-S Web 服务复合框架允许客户定义过程中各个活动的语义。这些活动可以定义为某一 Web 服务实现，Web 服务接口或者语义模板。当活动定义为语义模板时，活动的需求通过输入/输出以及活动的功能语义来描述。

图 2-3 表示了一个服务过程请求的完整的执行过程[53]，首先，客户产生服务组合请求，请求经过第一个映射转换为对应的服务模板，第二个映射是将服务组合模板所对应的服务实例中选择合适的服务，依次按照组合模板执行服务，从而得到新的服务。

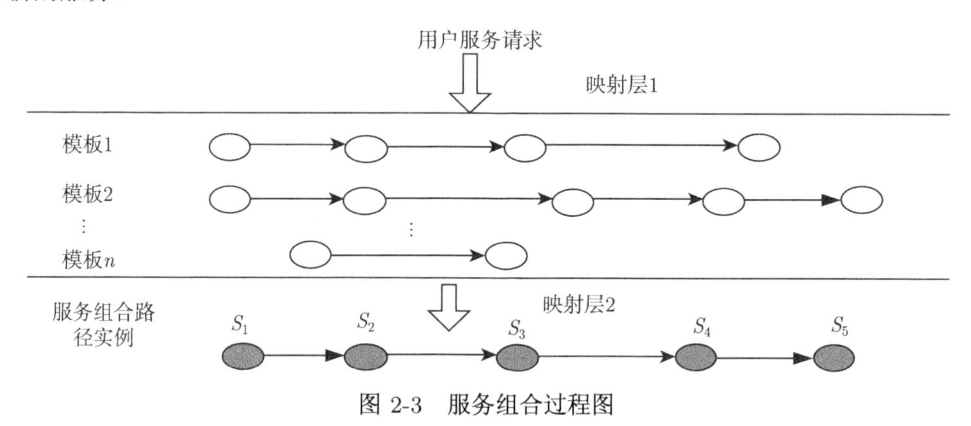

图 2-3 服务组合过程图

在服务组合方面，国内外研究人员在对服务组合中的服务选取、组合路径形成，组合方法进行了大量的研究。文献 [56] 针对复杂网络环境中，难以搜索有用的数据和知识来获得最佳的 Web 服务问题，提出了一种基于 QoS 和协同过滤的两阶段 Web 服务发现机制，为用户在分布式环境下发现并建议所需要的网络服务，来解决不正确的 QoS 信息服务问题，从而提升服务选取的质量。理论分析和仿真实验结果表明，该方法能给广大用户准确推荐所需的服务，提高推荐质量。文献 [57] 提出一种时间感知的协同过滤算法来预测丢失的 QoS 值，该算法在计算服务和用户之间的相似性的程度时，考虑时间因素。通过计算服务之间的相似性，然后选择最类似的服务。计算活动用户和其他所有用户之间的相似程度，得到用户相似性载体。这样通过得到最类似的相似性来得到最优的服务组合。实验结果表明，时间感知的协同过滤算法能显著提高预测精度，得到最优的服务组合。

SpiderNet 中对服务路由问题采用了受限的组合探测协议 (bounded composition probing protocol，BCP)[58]。BCP 的基本原理是采用类似于泛洪广播方式来建立候选服务路径，再从候选服务路径中选择 “最佳” 的组合路径，为了限制泛洪方式带来的网络通信的高代价，SpiderNet 采用了受限广播的方式，即发出的广播报文受限一定的负载比例 β，当 β 无限制时就是泛洪广播，当 β 受限时，则减少了广播带来的网络通信代价。

QUEST 框架采用的方法与 SpiderNet 是一脉相承的，提出了一种在服务覆盖网中寻找满足多种 QoS 约束的服务路径的方法[59]，但它主要考虑的是不同服务路径上的 QoS 约束和路径之间的负载均衡问题, 并不一定保证服务副本的负载均衡。

国内研究人员也对服务组合做出了积极的贡献，李文中等提出一种负载均衡的服务组合算法 (LCB)[60]，采用两个步骤来建立组合：一是路由表的建立，二是服务选择算法。在 LCB 算法中采用了 Chandy-Misra 分布式路由算法来建立服务路由表，对于建立服务路由表的时间复杂度为 $O(N^2|E|)$。

2.3 服务组合的 QoS 与可信研究现状

2.3.1 服务 QoS 评测与组合研究

服务的 QoS 评价研究主要集中于如何度量与评价服务实体的 QoS。这类研究一般认为 Web 组合的质量由非功能属性来确定，称为 QoS 属性。结合文献 [61]，QoS 的属性包括执行时间、延迟等与时间相关的参数，以及服务的可用性、服务满意度、服务费用、路径带宽、声誉、可信度等与服务质量相关的参数，此外，还可能有一些领域特定的 QoS 属性，如安全性等。在这类研究中，服务的可信性往往只作为多个 QoS 属性中的一种，可信度高低只是 QoS 质量的一个度量而已。

文献 [25] 采用基于过程模型的方法来建立服务的质量模型，并给出了几种典型的服务质量衡量标准，以及服务质量驱动的服务选择及合成方法。文献 [24] 给出了在 P2P 环境下服务质量的度量及相应的服务组合策略，文献 [62] 讨论了 QoS 的度量方法。

Web Service 技术采用可扩展标记语言 (XML)[14] 定义的一组 Web 服务协议栈如 SOAP、WSDL、UDDI、WSFL、BPEL4WS 等开放协议和标准[48−50] 也可认为是一种服务质量的描述标准。

由于服务质量有时很难从单纯的数学上定义与度量，而语义研究的进展扩展了服务质量的度量方法。因而文献 [63]~[65] 通过服务中蕴涵的语义信息或元数据而构建服务的质量模型，不失为一种较有前途的研究方向。

在对服务 QoS 评价的基础上，进行基于 QoS 的服务组合是一种较好的方法。

已经有不少提高服务服务组合质量的方法与策略。本书归纳如下。

基于服务质量选取的 Web 服务组合策略与方法，在这类研究中，认为服务提供者与服务消费者所提供的 QoS 信息都是真实的，因此基于 QoS 的服务组合策略主要研究从多个功能相同的服务中选取优化的服务以使服务组合的质量最高。

基于这种思想的服务组合研究有：动态规则的算法、线性规则的方法[46]、基因算法[5]、PSO 算法、启发式算法[23] 等。因为这类算法的前提条件是：算法执行前对网络中的所有服务都是掌握的，对这些服务所能够提供的服务质量也是知道的，而且认为这些服务的信息都是真实可信的。很显然，这在真实的互联网络中是不一定能够得到保证。

2.3.2 可信服务组合研究

不管是基于 QoS 的服务组合，还是基于信任的 QoS 服务组合。研究的一个重要的前提是：互联网络中服务实体提供的服务是否具有它自己所宣称的服务质量。因此，影响服务组合的一个重要前提就是：如何获取服务的真实的服务质量与可信度。

因为服务组合实体的可信性对服务组合的质量起到重要的作用，因而如何建立较好的信任评价系统就是一个重要的研究内容。获取互联网上实体真实的服务质量以及其可信程度是一项挑战性的工作[66−68]，其困难主要在于如下两个方面。

(1) 互联网络是一个无中心、对等的、非强制性的系统。不存在类似于社会中的权威认证中心与评价机制。互联网上的实体做出的服务组合决策一般是基于自身知识而对网络其他实体的判断。服务组合质量的高低取决于实体判断的准确性，相对于海量的互联网信息，仅依赖于其个体决策显然是不够的，导致服务组合的质量并不高。

(2) 有研究人员试图建立一种信任评价机制，以帮助实体提高服务组合的服务质量 (如成功率等)。这类方法主要是通过实体间交互的信息来进行判断。例如，文献 [69] 通过依赖服务消费者 (consumer) 的回馈的信息来评价服务提供者的可信度。文献 [70] 是基于双 ratings 的声誉系统。一次交互以后，交互双方都要向系统提交 rating，报告它们对这次交易的评价。在这类研究中，默认服务消费者回馈的信息是真实可信的，显然不满足互联网中虚假回馈信息的情况，也不能处理 consumer 不汇报回馈的情况。而有些研究需要强制交互双方都要向系统提交 rating 的机制[70] 在实际的互联网中也不太现实，互联网络实体没有义务，也没有必要向系统递交 rating，其次系统很容易受到共谋的恶意实体的欺骗，这些共谋的实体可以通过相互间的较高的信任反馈值来提高自己的信任度，但系统却不能识别这种共谋的情况。

近来的研究认识到了传统信任推理系统的不足，简单信任的推理与运算必须根据实体的交互行为来判断，因而将实体的交互行为看作其可信行为的一种重要度量标准，根据其交互行为或者服务质量的相似度来推测实体间的信任度或者服务质量，基于这种思想的研究主要有文献 [27]、[71] 和 [72]。显然这种思想比传统的信任推理具有先进性，因为实体的交互行为是无法欺骗的，虽然它可以虚假的宣称自己的信任值与服务质量，但系统依然可以从其交互过程中检验与矫正其服务质量与信任值。

2.3.3 基于可信性的服务 QoS 修正研究

有研究意识到 Web 服务的可信性并不能与其他 QoS 属性相并列。服务选取的前提是要保证服务提供者的信息是真实的。否则，服务组合所依赖的基础就成为问题了。基于以上认识，已经有相当多的基于信任的 QoS 服务组合研究。

信任机制最早在网络方面的应用是在 P2P 系统中，为促使网络中的实体愿意共享资源，而不是自私的只获得资源，研究人员提出了采用信任 (声誉) 机制的方法来达到利人也利己的目的。同时让恶意的、虚假的服务其信任度就低，而真实的服务其信任度就高。早期的基于信任的服务组合也采用了这种机制，服务组合时除了采用服务所宣称的服务质量进行组合的选取外，再参考其信任度，就比单纯只考虑服务所宣称的质量所得到的组合质量要高，显然是一种值得研究的方法。

更多的基于信任的 QoS 服务组合是利用服务的可信任程度来对 QoS 指标进行修正。例如，李研等提出了一种考虑 QoS 数据可信性的服务选择方法[12]。采用的方法是依据服务实体的可信度对其 QoS 数据进行修正，包括对服务和服务使用者的 QoS 进行修正后，这样得到的 QoS 属性较能够准确反映实体的真实的情况，因而得到的服务组合质量相对来说就比较高。

事实上，服务组合是由一系列服务调用组成，其中的任意一个服务调用信任缺失引发的不良行为都可降低 Web 服务组合质量，而恶意的服务甚至会造成灾难性的后果。显然基于信任的 QoS 服务组合具有更高的实际应用价值。

2.3.4 大数据与云环境下服务组合 QoS 研究

大数据[73] 和云计算[74] 是近年被讨论最多的信息技术前沿领域之一。大数据伴随着互联网的迅猛发展而出现，而云计算是一种进行大规模复杂计算的强大技术，它通过增加 IT 行业消耗的灵活性，使各组织只为提供的资源和服务付费来改变 IT 行业。由于云的可扩展性和定价模型，使得众多需要动态信息技术基础设施的企业逐渐转向云环境。云计算提供了各种各样的服务，比如基础设施即服务 (infrastructure as a service，IaaS)、平台即服务 (platform as a service，PaaS) 和软件即服务 (software as a service，SaaS) 的终端服务[75]。再者，结合云计算的实用性和丰富的计算、基础设施和存储云服务为科学家提供了一个非常有吸引力的环境，来进行相关的实验。尽管大数据和云计算能够为科学研究提供众多的便利，但是还面临众多挑战。为用户提供优质服务质量的要求是大数据云服务供应商的主要挑战之一。云服务供应商提供给终端用户的服务，由处于不同地理位置的第三方分布式云数据中心组成。大数据云用户通过互联网的定价付费模式来使用这些服务。因此，如何在大数据与云计算环境下提升服务组合 QoS，具有重要的应用前景与使用价值。

文献 [76] 在粗粒和细粒级两个层面上，提出了一个全球性的架构：基于 QoS 调度的大数据应用的分布式云数据中心。在粗粒级，适当的本地数据中心在用户与数据中心、网络吞吐量与总可用资源之间的网络距离选择采用自适应 K 近邻算法。针对细粒级，在计算密集型 (C)、输入/输出密集型 (I) 和内存密集型 (M) 三重新应用类别 (C，I，M) 预测采用朴素贝叶斯算法。每个数据中心使用自组织映射 (C，I，M) 转化为能够执行特定类别调度的虚拟集群池。研究的新颖之处在于，基于各自的 QoS 要求来表示整个数据资源中心的预定拓扑顺序和各自预定的虚拟群集执行新传入的作业。该架构在亚马逊弹性 map reduce(elastic map reduce，EMR) 的 Hadoop1.0.3 集群上进行测试。测试的主要数据包括资源利用率、等待时间、可用性、响应时间和完成作业的估计时间。实验结果显示所提出的架构是比较好的 QoS 方案，相比亚马逊现有方法节省 33.15%的成本收益。

云计算提供了可扩展的计算和存储资源，越来越多的以数据密集型为主的应用程序考虑应用于云环境。当数据损坏后，所提供的服务质量将下降。为了解决这个问题，以提供更好的服务质量，文献 [77] 提出在云计算环境中采用两种服务质量感知的数据复制 (QoS-aware data replication，QADR) 算法来解决这个问题。第一种算法采用高 QoS 下复制第一个 (high-QoS first-replication，HQFR) 的直观方法来执行数据复制。但是，这种贪婪算法不能减少数据复制成本和违反的 QoS 数据副本数量。为了实现这两个目标的最小化，第二算法变换 QADR 的问题而引入著名的最小代价最大流 (minimum-cost maximum-flow，MCMF) 的问题。通过应用现有 MCMF 算法来解决 QADR 的问题，第二种算法减少 QADR 算法最优解在多项式中的时间，但它需要的计算时间比第一算法要多。由于大数据云环境的节点众多，该文作者还建议结合点技术来减少大数据复制时间。模拟试验证明了在数据复制和恢复过程中该算法的有效性。

大数据的出现，使得用户在海量数据中搜索有用的数据变得更加困难。文献 [78] 提出基于搜索的预测框架来解决 QoS 排序问题，以提供更好的 QoS。传统的粒子群优化 (particle swarm optimization，PSO) 算法根据它们的 QoS 记录已经适应了优化服务的顺序。然而，在实际情况中，QoS 记录对于给定的消费者往往是不完整的，所以临近用户的相关数据经常被用来确定服务之间优先级关系。为了剔除特定的邻居用户，提出一种改进方法，该方法考虑成对服务出现的概率来测量两个用户之间的相似性。基于该相似度计算，前 k 个邻居被选择来提供对服务排名评估的 QoS 信息支持。此外，还提出用一个合适功能的有序服务序列定义引导搜索算法以便找出高质量的排名结果，额外的策略，如初始值的选择和陷阱逃逸等。为了验证所提出的解决方案的有效性，最后，对现实 QoS 数据进行实验研究，其结果表明提出的以粒子群为基础的方法，比由现有 CloudRank 算法具有更好的排名服务，并且在大多数情况下，改进显著。表 2-1[78] 显示了 CloudRank 和 PSORank 算法计算开销时间的比较。

表 2-1 CloudRank 和 PSORank 算法在计算开销时间上的比较

算法	响应时间			吞吐量		
	d=10%	d=30%	d=50%	d=10%	d=30%	d=50%
Greedy	0.876	1.755	4.780	0.890	1.749	4.761
CloudRank1	0.876	1.756	4.781	0.891	1.750	4.761
CloudRank2	1.713	2.928	5.966	1.742	2.924	5.952
PSORank1	3.916	20.763	144.406	3.760	19.422	126.644
PSORank2	3.777	19.328	133.951	3.611	18.074	126.389

文献 [79] 提出了基于偏好顺序方法的议程，该议程的基本方法有助于促进服务消费者和提供者在云服务上关于服务质量的多议题协商过程要求。他们假设议程的顺序对协商结果有影响，而一组服务消费者和提供者可能在重大问题上有冲突的偏好。在多议题协商过程中，他们彼此不知道各自的喜好以及关联性。该方法有助于消费者和供应商在议题上得到一致，而且有助于构建共同偏好序列，以提高逐个问题协商解决的效率。因此，基于偏好顺序方法的协同进化协商模型引入代理中去协商并达成协议，从而能够在云计算中制定问题序列以及一个共同演化的协商方法，该协商方法可以有效地促进对服务质量问题的协商，以便提供更好的 QoS 组合。

除了大数据与云计算等信息技术前言领域外，近年兴起的透明计算[80] 也逐渐引起了众多科研工作者极大的兴趣。透明计算扩展了冯 · 诺依曼结构模型，在此基础上提出透明计算模式。透明计算将计算与存储分离，为用户提供跨终端、跨操作系统平台的操作服务，服务器与终端之间通过数据流和块调度交换指令，整个网络资源由超级云计算操作系统进行一体化管理，程序通过流的方式被动态调度到指定的终端或服务器上执行[81−83]。因而，在透明计算模式下进行服务组合的 QoS 研究，具有一定的应用前景与实用价值。

2.4 本章小结

由于巨大的应用前景，面向服务计算的服务组合研究得到了广泛关注。互联网络虽然拥有海量的服务，但由于服务组合环境的动态变化，服务的可信性以及应用的多样性、对 QoS 的要求对服务组合研究提出了很多挑战，使得服务组合需要更多的服务可信与 QoS 评价、可信服务组合、可信与 QoS 的快速组合方面的研究，这是保证服务组合得到广泛应用的核心问题，也是现有研究工作关注的重点。

本章对服务组合技术及其可信性问题进行了综述，分析了服务组合研究中存在的挑战，重点讨论了目前国内外主要服务组合的相关技术、方法以及相关研究项目；介绍了服务组合的相关研究进展情况。特别对当前服务的可信 QoS 评价、可信与 QoS 服务的快速组合方面和大数据与云环境下服务组合 QoS 研究进行了论述，为本书后续研究内容提供了基础。

第3章　基于环境感知的服务可信 QoS 评价与选取策略研究

3.1　概　　述

Web 服务核心支撑技术得到了学术界和工业界的广泛关注，Web 服务组合是目前研究的一个热点，其中如何评价与选择高服务质量的服务实体以得到高质量的服务组合是其中重要的研究内容[84,85]。而如何对服务实体的 QoS 进行有效评价是选择高 QoS 实体的前提，虽然有不少关于服务实体 QoS 评价的研究，但服务质量评价仍然是一个开放问题，还存在许多值得研究的问题[35]。

(1) 服务实体的可信性评价问题：服务的可信性是评价服务 QoS 的前提，如果服务的可信性不能保障，其单纯的 QoS 是没有意义的[12]。

现在已经有相当多的研究在进行 QoS 评价时，考虑其可信性，并用可信性对其 QoS 进行修正。虽然提出了各种各样的服务实体信任评价方法，但在信任评价方面还存在 1.3 节所论述的 4 类信任识别问题[32,33]。由于服务的可信性研究是服务 QoS 评价的重要基础，仍然值得深入研究[86,87]。

(2) 以往研究往往认为可信的实体做出的 QoS 评价是准确的[34]，只有不可信的实体才做出不真实的评价。但实际上，即使是可信实体由于受到服务组合环境的影响，其做出的评价也不一定真实反映服务的实际 QoS，因而导致这类研究难以得到很好的应用。

一个可信的服务提供者 (SP) 实体所能够提供的 QoS 是有一定限度的。例如，某 Web 服务所能够同时满足服务访问的最大个数是有一定限度的，当同时访问的个数超过一定限度后，导致服务消费者 (services consumption，SC) 实体得到的 QoS 急剧下降，访问延迟变得很长，服务组合的成功率也急剧下降，而当访问高峰期过去后，SC 实体得到的 QoS 变得较好。这种情况在实际服务组合中会经常发生，特别是在紧急情况、突发事情、信息公布的初期 (如重大信息、新闻公布、突发事件)，周期性的信息与数据更新事件 (如开学时的学生选课、排课)，这时 SP 实体的访问量非常大 (负载重)，因而导致 SC 实体得到的 QoS 较低，从而使很多 SC 实体对其 QoS 的评价较差、甚至非常差。而在正常状态下 (一般负载下)，SP 实体提供较高的 QoS，因而，这时 SC 实体对 SP 实体的 QoS 评价比较高。这样，对于同一个 SP 实体，在不同的服务组合环境下，SC 实体对其的评价都不相同，而且相差非常大。

实际上，同一个 SP 实体能够提供的 QoS 与可信度是一致的、并没有变化。但在不同的服务组合环境中，SC 实体给出的 QoS 评价与可信度评价相差非常大。

可见，即使是可信的服务实体做出的服务质量与服务可信性的评价也是不相同的，需要根据服务实体做出评价的服务组合环境，即使是可信实体做出的评价也要做出适当的修正。而不能完全不加条件地采信可信实体的评价结果。

本章针对如上的情况，提出了一种基于环境感知与 QoS 修正的可信服务评价方法，以对服务实体的 QoS 做出较为全面的评价，为服务组合时提供服务选择的依据。评价方法的主要内容包括如下两个方面。

1. 在正确的获取与评价实体的 QoS 方面

服务的 QoS 一般包含几个定量的和定性的参数，该参数度量了 Web 服务所发布的功能是否好[8]。这些参数可以是描述响应时间 (time)、服务费用 (cost)、可用性 (availability) 和可靠性 (reliability) 的通用 QoS 规格[7]，以及对于特定领域的具体 QoS 规格。

实际上，在大多数研究中，服务的 QoS 是指用户能够得到的服务质量，也就是用户的 QoS 评价。但除此外，SP 实体的服务能力是另外一个重要的因素。服务能力与 QoS 具有一定的关系，一般来说，服务能力越大，提供的 QoS 越好，能够同时保证较多的用户获得较高的 QoS，但两者是不相同的两个概念。一个服务能力中等的 SP 实体在负载较轻时，能够提供的 QoS 比服务能力较高的 SP 实体在重负载下能够提供的 QoS 可能还要高。

可见，以往研究中仅参考用户得到的 QoS 为评价标准，并采用加权的方法确定服务的 QoS。这种方法实际上是没有考虑 SP 实体的服务组合环境，也没有考虑 SP 实体的服务能力，得到的只是此 SP 实体在对外提供服务过程中的外在表现。在这种情况下，对其 SP 实体的真实服务能力与大小其实是不知道的。以这样的标准来评价 SP 实体的 QoS 显然不太合适，特别是如果系统性的采用这种评价方法就会造成“服务颠簸”的现象。

这种现象是指：由于服务能力大的 SP 实体所能够提供的 QoS 较优，因而系统对其 QoS 评价较高，因而在服务选择时，选择此 SP 实体的 SC 实体较多，故此 SP 实体承担的负载较大，当负载超过一定的限度后，会导致其用户得到的 QoS 普遍不太高。这时系统对其的 QoS 评价就会降低，故导致选择此 SP 的实体减少，这又会造成系统对此 SP 实体的 QoS 评价回升到较高水平。这样，实体的 QoS 评价总是来回“颠簸”，从而造成用户选择服务时也是来回“颠簸”，并且用户得到的 QoS 总是“滞后”于 SP 实体的真实 QoS。造成这种“滞后”与“颠簸”的主要原因就在于，对 SP 实体的评价仅是 SC 的直观感受的评价，而不是 SP 实体实际的评价，由于 SC 实体的评价是与服务组合的环境相关的，因而是动态变化的，因而导致出现这种“颠簸”情况。

针对以上情况，比较自然的方法是：如果能够真实地得到 SP 实体的服务能力以及 SP 实体在不同组合环境中的 QoS 表现。那么，在系统做服务选择的决策时，依据每个 SP 实体当前服务的组合环境，从而得知此 SP 实体在当前服务环境下所能够提供的 QoS 水平，从而就能够得到当前环境下此 SP 所能够提供的 QoS，这样就真实地反映了 SP 实体的 QoS。

基于以上分析，本章提出的解决方案的思想是：相同的实体在不同的负载环境下能够提供的 QoS 是不相同的，由于可信的实体总是真实地反映自己得到的 QoS，因此，如果有 n 个可信的实体对此 SP 实体进行过访问，那么就可以依据这 n 个实体在不同负载下得到的 QoS 评价情况而得到此 SP 实体的负载能力特征图，如图 3-1 所示。图 3-1 表明了实体在不同负载情况下的 QoS 曲线图。

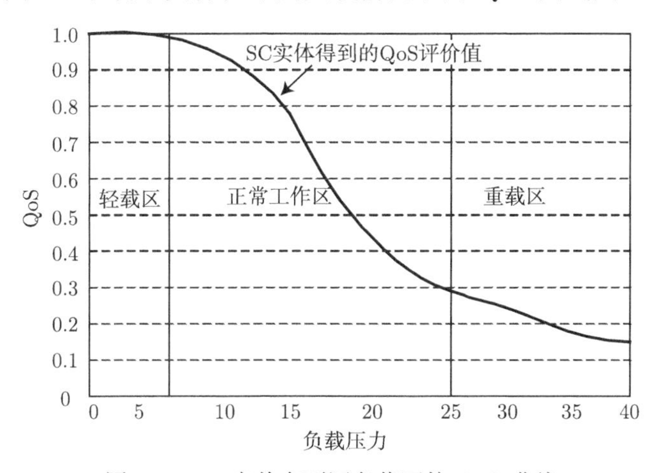

图 3-1　SP 实体在不同负载下的 QoS 曲线

依据图 3-1 就较为全面地给出了 SP 实体 QoS 特征，较之于以往研究中仅以单个 QoS 指标来反映 QoS 特征能够更好地指导服务选择。

例如，以往研究的 QoS 是对其一段时期 QoS 的加权处理 (一般采用与时间相关的非线性加权法)，即使当前的 SP 实体处于重负载时，其综合 QoS 静态评价并不一定低，当选择此 SP 实体时，就会得到 QoS 较低的服务，尽管在其他时间中总能够得到较高 QoS 的服务。

这说明，当选择服务实体时，需要依据 SP 实体当前的组合环境 (主要是负载情况)，得到对当前服务的 QoS 评价。因为采用这种方法得到的评价是当前环境下真实的所能得到的 QoS，因而是准确的。

2. 实体的可信性评价

考虑到服务组合的实际情况，服务可信性的判断是非常复杂的[88]，有如下两种情况：

(1) 不可信的实体可以做出虚假的评价，虚假的评价方式是多种多样的[89]；

(2) 可信实体并不一定能够真实反映 SP 实体的 QoS 评价。

例如，一个高 QoS 的 SP 实体，在负载重时，可信的 SC 实体对其的 QoS 评价往往很低，而一个 QoS 并不高的 SP 实体，在负载轻时，可信的 SC 实体可能给予其较高的 QoS 评价。但这都不是对 SP 实体的正确评价。造成这种错误的原因是：可信的 SC 实体总是能够真实地给出自己的感受到的评价值，而这些评价只是从个体角度做出自己的判断，而从整体上来说个体的判断由于受环境的影响而不正确。

可见，可信服务 QoS 评价对可信性的判定方面来说需要解决如下问题：① 区分不可信实体与可信实体；② 区分可信实体做出的"不可信评价问题"。本章提出了如下的可信判别准则方法。

(1) 时间上的可信性判定准则　虽然在不同时间段中对同一 SP 实体的评价可能不相同，而且这些不相同的评价可能都是真实的。但是，在同一时间中对同一 SP 实体的评价是确定的，是唯一的，如果能够确定在某时间段上的真实评价，那么在此时间上与真实评价不相符的评价就是不可信的评价，从而与可信实体的"不可信评价问题"相区别。

(2) 服务能力上的可信判定准则　对于同一 SP 实体，不同的 SC 实体在不同时间中给出了 SP 实体的 QoS 评价，这在时间维度上依据准则 (1) 难以给出 QoS 的可信评价，但是可以抽取可信 SC 实体在不同负载条件下对 SP 实体的 QoS 评价情况，从而建立此 SP 实体在不同负载下的 QoS 曲线特征图 (图 3-1)。依据 SP 实体的不同负载下的 QoS 曲线特征图，那些对 SP 实体的 QoS 评价与 SP 实体的 QoS 曲线特征图相符合的实体可认为是做出了真实的评价，从而认为这些实体是可信的；而那些与 SP 实体 QoS 曲线特征图不相符的实体是不可信实体。

(3) 信任推理准则　信任可以递推与传递是很多研究中采用的方法[90]。但以往研究中往往在信任推导过程中却不加区别地采用了不可信实体的评价结论，这样的推理方法难以保证推导的结论是可信的。因为，不可信的实体做出的评价本身就是不可信的，采用不可信的评价结果去推导 (相加或者相乘的方法) 未知实体的可信性，得到的结果自然难以保证可信性。本章采用的方法是基于如下两点：①信任推理保证在可信实体间进行，以保证推导结果的可信性；②以可信实体作为可信评价的标准参照，即当确定某个实体是可信实体后，那么可信实体就作为其他未知实体的评价"标准"，与可信实体的评价不符的则认为其可信度不高，而与可信实体一致的评价认为其可信度高。

这样，本章基于以上评价准则来建立反映 SP 实体的 QoS 特征，并获得实体可信性，从而对服务的 QoS 做出全面可信的评价，为基于 QoS 的服务组合打下基础。

3.2　服务组合交互信息

本章假设服务组合的交互实体可以将自己的评价向外公布，但与以往研究不同，本章认为公布自己的评价信息不是强制性的。而实体公布的评价信息是可以让其他所有实体获取得到的，这些公布的 QoS 评价信息可以假设存储在公共可访问的服务代理中，如 UDDI 中[91]，这与大多数前人的研究中是一致的[47]。与文献 [92] 类似，一次服务交互过程的评价可如表 3-1 所示的评价信息。

表 3-1　服务交互后的评价信息

SC	SP	t_s	t_e	suc	Q
SC1	SP2	2	6	1	9
SC5	SP11	3	10	1	8
SC6	SP21	5	12	1	7
SC9	SP32	7	15	0	2

定义 3-1　设 P=(SC, SP, $\cdots$, $t_{\rm s}$, $t_{\rm e}$, suc, Q) 表示原子服务调用，P 的每一个实例 p 表示一次以 SC 实体对 SP 实体的服务组合请求，其中，

(1) SC 为服务消费者 (服务请求者), p.SC $= i$ 表示第 i 个服务请求者；

(2) SP 为服务提供者，p.SP $=j$ 表示第 j 个服务提供者；

(3) $p.t_{\rm s}$ 和 $p.t_{\rm e}$ 分别为服务 SC 访问 SP 实体的起始时间和结束时间；

(4) p.suc 为 SC 实体调用 SP 实体是否成功的标志，标记 p.suc $=1$ 表示成功，p.suc$=0$ 表示失败；

(5) $p\cdot Q$ 表示此次服务交互得到的 QoS。

由前面的分析可知，SP 实体宣称的 QoS 在不同的组合环境下表现出来的 QoS 是不相同的。因此，用单一的 QoS 指标来反映 SP 实体的服务能力是不恰当的。因此，在本章中，SP 实体宣称自己的 QoS 为一组不同组合环境下的 QoS 提供能力，这样的宣称较为全面地反映了 SP 实体的服务能力，定义如下。

定义 3-2　SP 实体服务质量的宣称：

$$O_i = [O_i^{\tau 1} \quad O_i^{\tau 2} \quad O_i^{\tau 3} \quad \cdots \quad O_i^{\tau k}] \tag{3-1}$$

式 (3-1) 中，O_i 表示第 i 个实体的服务质量的描述向量，$O_i^{\tau j}$ 表示第 i 个实体在负

载压力为 τj 时能够提供的 QoS。上面的向量实际上完整地表达了如图 3-1 所示的 QoS 与负载压力的关系，较全面地反映了实体的 QoS 情况。

这样 SP 实体所宣称的 QoS 向量形成的矩阵如下所示 (如果 SP 实体没有对外宣称则对应项为空)：

$$O_{\text{all}}^{\text{report}} = \begin{bmatrix} O_1^{\tau 1} & O_1^{\tau 2} & O_1^{\tau 3} & \cdots & O_1^{\tau k} \\ O_2^{\tau 1} & O_2^{\tau 2} & O_2^{\tau 3} & \cdots & O_2^{\tau k} \\ \vdots & \vdots & \vdots & & \vdots \\ O_{n-1}^{\tau 1} & O_{n-1}^{\tau 2} & O_{n-1}^{\tau 3} & \cdots & O_{n-1}^{\tau k} \\ O_n^{\tau 1} & O_n^{\tau 2} & O_n^{\tau 3} & \cdots & O_n^{\tau k} \end{bmatrix} \tag{3-2}$$

从前面的分析得知，在同一个时间中，SP 实体的 QoS 是确定的，因此，虽然不同的 SC 实体对 SP 实体的 QoS 评价不相同，但只可能有一种 QoS 评价是正确的。因此，下面我们从时间维上来进行实体的可信性评价，由于以时间维为重要的参考指标，因此，系统信息 (表 3-1) 中保留距离当前时间为 Γ 内的交互信息，有如下定义。

定义 3-3 在服务代理 (如 UDDI) 中所有 SC 实体对所有 SP 的评价存储在公共系统中，形成记录的集合，对于每一对 SC 实体 c_i 和 SP 实体 p_j 只保存离当前时间为 Γ 内的条记录，有如下的矩阵：

$$Q_{\text{all}}^{\text{report}} = \begin{bmatrix} Q_{1,1}^{t1} & Q_{1,1}^{t2} & Q_{1,1}^{t3} & \cdots & Q_{1,1}^{tu} \\ Q_{1,2}^{t1} & Q_{1,2}^{t2} & Q_{1,2}^{t3} & \cdots & Q_{1,2}^{tu} \\ \vdots & \vdots & \vdots & & \vdots \\ Q_{2,1}^{t1} & Q_{2,1}^{t2} & Q_{2,1}^{t3} & \cdots & Q_{2,1}^{tu} \\ Q_{2,2}^{t1} & Q_{2,2}^{t2} & Q_{2,2}^{t3} & \cdots & Q_{2,2}^{tu} \\ \vdots & \vdots & \vdots & & \vdots \\ Q_{m,n}^{t1} & Q_{m,n}^{t2} & Q_{m,n}^{t3} & \cdots & Q_{m,n}^{tu} \end{bmatrix} \tag{3-3}$$

矩阵中的 $Q_{i,j}^{tk}$ 表示 SC 实体 c_i 对 SP 实体 p_j 在时间为 tk 时的服务质量评价值。

3.3 实体的信任模型与信任评价

3.3.1 SC 实体对 SC 实体的直接信任评价

定义 3-4 用矩阵 $\vartheta_i^{\text{direct}}$ 表示实体 c_i 对所有与其交互过的实体 SP 的评价集合，对于每一对 SC 实体 c_i 和 SP 实体 p_j 只保存离当前时间最近的 w 条记录，这

样实体 c_i 要存储的记录个数最多为 $w \times n$, 如下面的矩阵 $\vartheta_i^{\text{direct}}$ 所示:

$$\vartheta_i^{\text{direct}} = \begin{bmatrix} \vartheta_{i,1}^{t1} & \vartheta_{i,1}^{t2} & \vartheta_{i,1}^{t2} & \cdots & \vartheta_{i,1}^{tu} \\ \vartheta_{i,2}^{t1} & \vartheta_{i,2}^{t2} & \vartheta_{i,2}^{t2} & \cdots & \vartheta_{i,2}^{tu} \\ \vdots & \vdots & \vdots & & \vdots \\ \vartheta_{i,n}^{t1} & \vartheta_{i,n}^{t2} & \vartheta_{i,n}^{t2} & \cdots & \vartheta_{i,n}^{tu} \end{bmatrix} \tag{3-4}$$

矩阵中的 $\vartheta_{i,j}^{tk}$ 表示 SC 实体 c_i 对 SP 实体 p_j 在时间为 tk 时的服务质量评价值。这样，实体 i 得到了它对 SP 实体的评价信息，由于实体 i 对自己感受到的 QoS 是确定的、真实的，因此，我们用实体 i 所得到的信息来进行 QoS 评价与选择的基础。

在不同时间段上 SC 实体对 SP 实体的评价只能判断出 SC 实体是否真实的评价。这样就可依据这些判断出哪些 SC 实体是真实地表达了自己的 QoS 评价，即哪些是可信的，哪些是不可信的。

首先 $\vartheta_i^{\text{direct}}$ 的第 j 行表示了 SC 实体 i 对第 j 个 SP 实体的 QoS 评价。

这样，与自己的评价相似的 SC 实体可以认为是可信的实体，而与自己评价不相似的 SC 实体没有真实地反映 SP 的 QoS，从而认为可信度不高的 SC 实体 (因为是在相同的时段中)，我们依据评价向量间的差异常度来判定服务的可信度。离自己距离越远的 SC 实体其可信度越低。

这样，对于与第 i 个 SC 实体交互过的 SP 交互过的 SC 实体都能够给出其 QoS 的评价与自己的评价的差异值如下式

$$d_{ij} = \left[\sum_{k=1}^{u} |x_{ik} - x_{jk}|^s \right]^{1/s} \tag{3-5}$$

根据 SC 实体 c_i 自己得到的对 SP 服务实体的评价值与 SC 实体 c_j 得到的 QoS 评价值的差异大小来决定实体 c_i 对实体 c_j 的信任度。

$$\varphi_{i,j} = d_{i,j} \% \partial \tag{3-6}$$

其中 ∂ 表示梯度划分的量，%表示取模，用差异值对梯度取模表示当前 SC 实体 c_i 自己得到的对 SP 服务实体的评价值与 SC 实体 c_j 得到的 QoS 评价值相差多少梯度，如果差异度越少，则越可信，差异度越大则越不可信，表示信任度较低。

在前面对于与第 j 个 SP 实体，第 i 个 SC 实体都能够根据自己感受到的情况

判断其他 SC 实体的可信性，形成如下的矩阵

$$\varphi_i^{\text{direct}} = \begin{bmatrix} \varphi_{i,j} \\ \varphi_{i,j} \\ \vdots \\ \varphi_{i,j} \end{bmatrix} \tag{3-7}$$

将与 SC 交互过的所有 SP 实体的其他 SC 实体的评价判断形成如下的矩阵

$$\varphi_i^{\text{direct}} = \begin{bmatrix} \varphi_{i,1} & \varphi_{i,2} & \varphi_{i,3} & \cdots & \varphi_{i,n} \\ \varphi_{i,1} & \varphi_{i,2} & \varphi_{i,3} & \cdots & \varphi_{i,n} \\ \vdots & \vdots & \vdots & & \vdots \\ \varphi_{i,1} & \varphi_{i,2} & \varphi_{i,3} & \cdots & \varphi_{i,n} \end{bmatrix} \tag{3-8}$$

由于矩阵 (3-8) 中的第 j 列代表了 SC 实体 c_i 对其他 SC 实体依据不同 SP 实体的评价而做出的信任评价，依据第 j 列得到 SC 实体 c_i 对 SC 实体 c_j 的总体评价为下式：

$$\varphi_j = \frac{\sum\limits_{k=1}^{n} \varphi_{j,k}}{k} \tag{3-9}$$

这样，对 $\varphi_i^{\text{direct}}$ 矩阵的每列都进行式 (3-9) 的计算，这样就得到了综合的 SC 实体 c_i 对每个 SC 实体的直接综合信任评价，如下面的向量所示：

$$\varphi_i^{\text{direct}} = [\varphi_1 \quad \varphi_2 \quad \varphi_3 \quad \cdots \quad \varphi_n] \tag{3-10}$$

3.3.2 SC 实体的间接信任评价

从前面的论述中可知，在直接 SC 信任关系评价中，只有与 SC 实体 c_i 访问过相同 SP 实体的 SC 实体才能得到其信任评价。因为与实体 c_i 访问过相同 SP 实体的 SC 实体毕竟有限 (特别是相对于海量服务的互联网络)，因此，当前的信任研究中一般还采取信任推理的方法来丰富信任关系。因此，本章与其他信任演化系统类似，通过信任传递关系丰富实体间的信任关系。与以往信任演化系统不同，因为不可信的实体推导出来的信任是不可信的，本章将其受限于可信实体间。

设 SC 实体 c_i 欲推导出 SC 实体 c_j 的间接信任推理方法如下。

首先，SC 实体 c_i 实体有过直接交互行为的 SP 实体如下：

$$\text{SP}_i = [\text{SP}_1^i \quad \text{SP}_2^i \quad \cdots \quad \text{SP}_k^i] \tag{3-11}$$

设与集合 SP_i 实体交互过的 SC 实体如下面的集合所示：

$$\text{SC}_i = [\text{SC}_1^i \quad \text{SC}_2^i \quad \cdots \quad \text{SC}_k^i] \tag{3-12}$$

依据 3.3.1 节对 SC 实体的直接信任关系推理方法，即依据式 (3-5)~(3-7) 可以得到对集合 SC_i 实体的直接信任评价如式 (3-8) 所示。依据式 (3-9) 可以综合成式 (3-10) 所示的直接信任评价。

此外，在集合 SC_i 中，有一部分 SC 实体还对其他 SP 实体 (不属于集合 SP_i) 进行过访问，设这部分 SC 实体的集合为 $\mathrm{SC}_{i,j}$(即对集合 SP_i 进行访问外，还对非 SP_i 的 SP_j 实体进行过访问的 SC 实体)。

$$\mathrm{SC}_{i,j}=[\mathrm{SC}_1^{i,j}\ \ \mathrm{SC}_2^{i,j}\ \ \cdots\ \ \mathrm{SC}_k^{i,j}] \tag{3-13}$$

$$\mathrm{SP}_j=[\mathrm{SP}_1^j\ \ \mathrm{SP}_2^j\ \ \cdots\ \ \mathrm{SP}_k^j] \tag{3-14}$$

由于 SC 实体 c_i 能够直接得到 $\mathrm{SC}_{i,j}$ 集合实体的信任评价，然后选取 $\mathrm{SC}_{i,j}$ 集合中信任度大于一定阈值的实体进行进一步信任递推。

$$\mathrm{SC}_{i,j}^{\Lambda}=[\mathrm{SC}_1^{i,j}\ \ \mathrm{SC}_2^{i,j}\ \ \cdots\ \ \mathrm{SC}_s^{i,j}],\ \ \text{其中}\ |\mathrm{SC}_x^{i,j}|>\sigma \tag{3-15}$$

式 (3-15) 中 $\mathrm{SC}_{i,j}^{\Lambda}$ 表示 $\mathrm{SC}_{i,j}$ 中选取信任度大于阈值 σ 的 SC 集合。

已知 $\mathrm{SC}_{i,j}^{\Lambda}$ 集合的信任关系，那么可以推导出所有与 SP_j 交互过的其他 SC 实体集合 $\mathrm{SC}_{\mathrm{other}}$ 的信任度评价。

设 $\mathrm{SC}_{i,j}^{\Lambda}$ 集合中的 SC 实体 SC_e 依据式 (3-5)~(3-10) 可以推导出对集合 $\mathrm{SC}_{\mathrm{other}}$ 的信任评价结果为

$$\varphi_e^{\mathrm{indir}}=[\varphi_1^e\ \ \ \varphi_2^e\ \ \ \varphi_3^e\ \ \ \ldots\ \ \ \varphi_s^e] \tag{3-16}$$

那么 $\mathrm{SC}_{i,j}^{\Lambda}$ 集合对集合 $\mathrm{SC}_{\mathrm{other}}$ 的信任评价结果就为下面的矩阵所示：

$$\varphi_{\Lambda}^{\mathrm{indir}}=\begin{bmatrix}\varphi_1^1 & \varphi_2^1 & \varphi_3^1 & \cdots & \varphi_s^1\\ \vdots & \vdots & \vdots & & \vdots\\ \varphi_1^e & \varphi_2^e & \varphi_3^e & \cdots & \varphi_s^e\\ \vdots & \vdots & \vdots & & \vdots\\ \varphi_1^l & \varphi_2^l & \varphi_3^l & \cdots & \varphi_s^l\end{bmatrix} \tag{3-17}$$

依据式 (3-9) 可以得到对集合 $\mathrm{SC}_{\mathrm{other}}$ 的信任评价结果

$$\varphi_{\Lambda}^{\mathrm{indir}}=\left[\varphi_1^{\Lambda}\ \ \ \varphi_2^{\Lambda}\ \ \ \varphi_3^{\Lambda}\ \ \ \ldots\ \ \ \varphi_n^{\Lambda}\right] \tag{3-18}$$

如果欲推导的 SC 实体 c_j 已经在 $\mathrm{SC}_{\mathrm{other}}$ 中，那么这时就得到了对 SC 实体 c_j 的间接信任评价值。其推导过程可用图 3-2 所示。

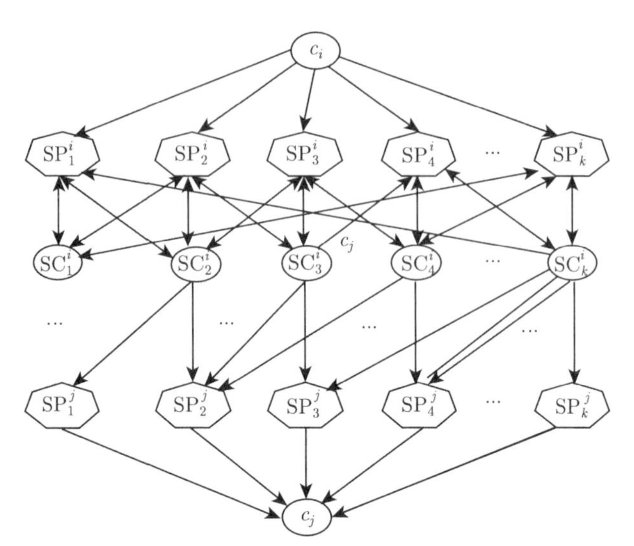

图 3-2　SC 实体间接信任推导过程

如果 SC 实体 c_j 未在 $\mathrm{SC}_{\mathrm{other}}$ 集合中，那么上述过程还要继续进行下去。信任传递关系如图 3-3 所示。在图 3-3 中服务 SC 实体 A 与 SC 实体 D 没有直接的信任关系，但是实体 A 与实体 B，实体 B 与 C，实体 C 与实体 D 有直接信任关系，依据传统的信任传递关系理论[69]，信任信息从 A 到 B(参照对 SP 实体的评价)，再从 B 到 C，最后从 C 到 D。“A→B→C→D” 构成了一条信任链。

实体 A 对实体 D 的间接信任计算如式 (3-19) 所示：

$$C_{\mathrm{indirect}}^{\mathrm{A-B-C-D}} = C_{\mathrm{A,B}}^d \times C_{\mathrm{B,C}}^d \times C_{\mathrm{C,D}}^d \tag{3-19}$$

其中，$C_{\mathrm{A,B}}^d$ 表示实体 A 与 B 之间的直接信任关系。从式 (3-19) 中可以看出，推荐的信任由于传递的层次增多，则可信度越低。因此，系统一般限定信任传递的层次最多为 k 次，只计算传递深度小于 k 次的间接信任关系。依据上述的方法可以极大地丰富 SC 实体的信任关系。

$$\varphi_i^{\mathrm{indir}} = \begin{bmatrix} \varphi_1^{\Lambda} & \varphi_2^{\Lambda} & \varphi_3^{\Lambda} & \cdots & \varphi_n^{\Lambda} \end{bmatrix} \tag{3-20}$$

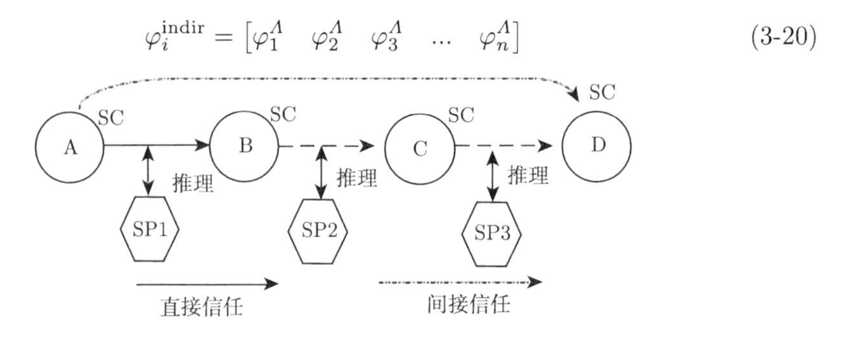

图 3-3　间接信任关系的传递计算

3.3.3 SP 实体的信任评价

SP 实体在公共系统中声明了自己的 QoS 质量特征 $O_{\text{all}}^{\text{report}}$，但不能保证 SP 实体所宣称的 QoS 特征是真实的，由于存在虚假的、不真实 SP 实体宣称自己的 QoS 很高，诱导用户去访问其广告页面；或者本身是可信的，但是由于对自己的真实服务能力的判断不是太准确，从而使自己宣称的 QoS 与用户实际得到的 QoS 不符合的情况。

从前面的论述中可知，SP 实体的可信性判断是非常复杂的，一般判断方法认为 SC 实体请求服务组合时，如果 SC 实体得到的服务组合成功率高，则认为此 SP 实体的可信度较高，反之，如果 SC 实体得到的组合成功率较低，那么认为此 SP 实体的可信度较低。实际上，这种方法没有考虑服务组合的环境，在 SP 实体负载压力非常大时，SC 实体得到的服务组合成功率非常低，但是并不代表 SP 实体的可信度低。

因此，需要有一种较好的 QoS 评价方法，能够较为准确的评价 SP 实体的可信性以及 SP 实体较为全面的 QoS 表征。

在前面，依据可信性判别的时间性准则评价 SC 实体的可信性。下面，依据本章提出的可信性判别的第二个准则：依据 SC 实体在不同负载下的 QoS 来与 SP 实体宣称的 QoS 特征进行对照，如果用户得到的 QoS 大于 SP 实体宣称的 QoS，那么此 SP 实体就是可信的，而且可认为可信度非常高，因为用户往往能够得到超过预期的 QoS，而对于用户实际得到的 QoS 低于所宣称 QoS 的 SP 实体，其可信性依据其低于所宣称 QoS 的幅度而可信性不同。

具体 SP 实体的评价方法论述如下。

对于 SC 实体 c_j 欲评价的 SP 实体 SP_i，SP 实体所宣称的 QoS 如下式：

$$O_i = [O_i^{\tau 1} \quad O_i^{\tau 2} \quad O_i^{\tau 3} \quad \cdots \quad O_i^{\tau k}] \tag{3-21}$$

那么实体 SP_i 的真实 QoS 与可信性究竟需要如何进行评价。由于不可信实体的 QoS 评价是不可信的，其评价结果对系统来说是干扰信息。因此，在对 SP 实体做出 QoS 与可信评价时，只参考可信 SC 实体的评价结果。设对 SP 实体发生交互行为的实体为下面的集合

$$\text{SC}^j = [\text{SC}_1^j \quad \text{SC}_2^j \quad \text{SC}_3^j \quad \cdots \quad \text{SC}_k^j] \tag{3-22}$$

依据 3.3.1 节与 3.3.2 节关于对 SC 实体的信任推导方法，计算出集合 SC^j 实体的可信度，然后，选取可信度大于一定阈值的 SC 实体来判别 SP 实体的可信度。

$$\text{SC}_c^j = [\text{SC}_1^j \quad \text{SC}_2^j \quad \cdots \quad \text{SC}_s^j], \quad |\text{SC}_k^j| > \sigma \tag{3-23}$$

可信 SC_c^j 集合对 SP 实体的评价矩阵如下：

$$Q_j^{\mathrm{report}} = \begin{bmatrix} Q_{1,j}^{t1} & Q_{1,j}^{t2} & Q_{1,j}^{t3} & \cdots & Q_{1,j}^{tu} \\ Q_{2,j}^{t1} & Q_{2,j}^{t2} & Q_{2,j}^{t3} & \cdots & Q_{2,j}^{tu} \\ \vdots & \vdots & \vdots & & \vdots \\ Q_{s,j}^{t1} & Q_{s,j}^{t2} & Q_{s,j}^{t3} & \cdots & Q_{s,j}^{tu} \end{bmatrix} \tag{3-24}$$

设每个 SC 实体的访问请求可通过映射函数将访问请求转换成对 SP 实体的负载压力，即通过转换函数 f 可以将第 i 个 SC 实体对第 j 个 SP 实体在时间 tk 的请求 $r_{i,j}^{tk}$ 转换为负载 $\Delta_{i,j}^{tk}$，而此次请求 $r_{i,j}^{tk}$ 得到的 QoS 值为 $Q_{i,j}^{tk}$。

$$\Delta_{i,j}^{tk} = f(r_{i,j}^{tk}) \tag{3-25}$$

这样，经过上面的转换，QoS 矩阵可转换为负载的压力矩阵为下面：

$$\Delta_j^{=} \begin{bmatrix} \Delta_{1,j}^{t1} & \Delta_{1,j}^{t2} & \Delta_{1,j}^{t3} & \cdots & \Delta_{1,j}^{tu} \\ \Delta_{2,j}^{t1} & \Delta_{2,j}^{t2} & \Delta_{2,j}^{t3} & \cdots & \Delta_{2,j}^{tu} \\ \vdots & \vdots & \vdots & & \vdots \\ \Delta_{s,j}^{t1} & \Delta_{s,j}^{t2} & \Delta_{s,j}^{t3} & \cdots & \Delta_{s,j}^{tu} \end{bmatrix} \tag{3-26}$$

将上面矩阵的每列求和，就得到了 SP 实体在不同时间段中的负载压力。

$$\Delta_j^{\Sigma} = \begin{bmatrix} \Delta_{\sum,j}^{t1} & \Delta_{\sum,j}^{t2} & \Delta_{\sum,j}^{t3} & \cdots & \Delta_{\sum,j}^{tu} \end{bmatrix} \tag{3-27}$$

对每个时间段内所有 SC 实体获得的 QoS 指标平均：

$$Q_{\sum,j}^{tk} = \frac{\sum\limits_{i=1}^{s} Q_{i,j}^{tk}}{s} \tag{3-28}$$

这样，对每个时间段内 SP 实体能够提供的 QoS 指标如下：

$$Q_j^{\sum,re} = \begin{bmatrix} Q_{\sum,j}^{t1} & Q_{\sum,j}^{t2} & Q_{\sum,j}^{t3} & \cdots & Q_{\sum,j}^{tu} \end{bmatrix}$$

对向量 Δ_j^{Σ} 中负载相同的项合并为一项，并同时将 $Q_j^{\sum,re}$ 向量中对应的项求和并计算其平均值为一项。

这样表达的 SP 实体的负载与 QoS 对应的对应关系如下面的矩阵：

$$\mathrm{QoS}_j^{\sum} = \begin{bmatrix} \Delta_{\sum,j}^{l1} & \Delta_{\sum,j}^{l2} & \Delta_{\sum,j}^{l3} & \cdots & \Delta_{\sum,j}^{tx} \\ Q_{\sum,j}^{l1} & Q_{\sum,j}^{l2} & Q_{\sum,j}^{l3} & \cdots & Q_{\sum,j}^{tx} \end{bmatrix} \tag{3-29}$$

这样，得到了不同负载压力下 SP 实体提供 QoS 的情况。设 $\varepsilon i = \Delta^{li}_{\sum,j}$，用 $O^{\varepsilon i}_j$ 表示在负载 εi 下的 QoS 值，即 $|O^{\varepsilon i}_j| = Q^{li}_{\sum,j}$，这样，可以将 $\mathrm{QoS}^{\sum}_j$ 转换为下式：

$$O^{sc}_i = [O^{\varepsilon 1}_i \quad O^{\varepsilon 2}_i \quad O^{\varepsilon 3}_i \quad \ldots \quad O^{\varepsilon k}_i] \tag{3-30}$$

O^{sc}_i 表示依据可信的 SC 实体得到 SP 实体在不同负载下实际的 QoS 特征。而 SP 实体 j 自己宣称的 QoS 特征

$$O^{\mathrm{report}}_j = [O^{\tau 1}_j \quad O^{\tau 2}_j \quad O^{\tau 3}_j \quad \cdots \quad O^{\tau k}_j] \tag{3-31}$$

下面根据 SC 实体实际得到的 QoS 与 SP 实体宣称的 QoS 之间的差异性来判断其可信性。

定义 3-5(实体 p_j 宣称的 QoS 与 SC 实体评价的差异度) 用 $\theta(\mathrm{SP}_j)$ 表示 SP 实体 j 对外宣称的 QoS 与 SC 实体实际得到的 QoS 的差异度。令

$$\theta(\mathrm{SP}_j) = \sum_{u=1}^{k} \varpi_k (O^{\varepsilon u}_j - O^{\tau u}_j) \tag{3-32}$$

显然 $\theta(\mathrm{SP}_j)$ 为正时表示 SC 实体得到的服务质量比其宣称的服务质量还要高，表示实体 p_j 自己所能够提供的服务质量比宣称的服务质量要高，可认为这种行为是积极的，即认为是可信的实体，如果 $\theta(SP_j)$ 为 0，则说明 p_j 非常准确地对外宣称了自己的服务质量，也是可信的。但对比以上两种情况，显然与第一种情况的实体交互中往往能够得到的比预期更好服务质量的服务组合，那么系统应该赋予第一种情况的实体更大的可信度。如果 $\theta(SP_j)$ 为负则说明 SC 实体得到的服务质量小于实体 p_j 所宣称的服务质量，系统应该认为是一种虚假的行为，可信度较低，而且其可信度与差异值的大小成反比，差异值越大，其可信度越低。

根据 SC 实体 c_i 得到的 QoS 与实体 p_j 所宣称的 QoS 的差异大小来决定实体 c_i 对实体 p_j 的信任度。

$$\psi(\mathrm{SP}_j) = 1 + \theta(\mathrm{SP}_j)\% \partial \tag{3-33}$$

其中 ∂ 表示梯度划分的量，%表示取模，用差异值对梯度取模表示当前 SC 实体交互得到的差异值与实体 p_j 宣称的服务质量间相差多少梯度，如果正向相差越多，表示服务越可用，可信，而负向相差越多，表示服务虚假的程度越高，当差异值的绝对值小于 ∂ 时，表示服务是可信的，这时计算得到的可信度为 1，当负向差异值大于 ∂ 时，表示其宣称的服务质量小于实体与其交互时得到的服务质量，而且超过了一定限度，这时计算得到的信任值为小于等于 0 的值，表示信任度较低。

经过上面的 SP 实体评价方法就可以得到 SP 实体的 QoS 评价向量：

$$O^{\mathrm{sc}}_j = [O^{\varepsilon 1}_j \quad O^{\varepsilon 2}_j \quad O^{\varepsilon 3}_j \quad \cdots \quad O^{\varepsilon k}_j] \tag{3-34}$$

以及对 SP 实体的可信评价 $\psi(\mathrm{SP}_j)$。

3.4 环境感知的服务 QoS 评价与选取策略

3.4.1 服务可信 QoS 评价与选取概略

由于互联网中能够提供相同功能的服务非常多，但不同的 SP 实体其 QoS 是不相同的，因此，需要较好地对这些服务的 QoS 进行评价，以指导服务组合时的服务选取。例如，当 SC 实体 SC_i 进行服务组合，当前需要组合的服务类别为 ν 的 SP 服务，而能够提供此类服务的 SP 实体有 x 个，那么，服务 QoS 评价研究的目标就是如何给出当前 x 个 SP 服务实体的 QoS 评价结果，让服务 SC_i 从中选择高质量的 SP 实体进行服务组合。

基于环境感知[93] 的服务可信与 QoS 评价的主要思想是依据实体已知的，以及在服务组合交互过程中获得的知识进行信任推理与 QoS 修正来对 SP 实体的 QoS 进行评价，用来指导如何选取较高 QoS 的 SP 服务来提高服务组合的质量。

与人类社会交互是类似的，当一个 SC 实体进行服务组合时，它对周围环境 (SP 实体) 的感知有如下两种情况。

(1) 可推导的环境 (SC 与 SP 实体)。服务组合环境中能够通过上面论述的 QoS 评价推导方法推导出 QoS 评价结果的 SP 实体。

SC 实体的可直接感知的环境 (SP 实体) 主要有如下两类。一类是服务组合环境中公认的可信的服务实体 (包括 SC 实体和 SP 实体)。例如，知名的具有公信力的商业服务实体，如类似于 Google、Baidu 的服务实体；专业性的具有公信力的服务实体；政府行为的公共服务实体；以及具有公信力的 SC 实体或者 SP 实体。这类实体都已经被互联网络经过认可，提供的 QoS 或者对实体的评价是为互联网内的所有实体所共知的。另一类是 SC 实体自身在与 SP 交互过程中感知到的对 SP 实体的 QoS 评价以及对 SC 实体的评价，这是 SC 实体直接得到的环境感知。

依据上面的这些实体对周围环境的感知，然后，依据本章前面提出的 QoS 评价方法，去推导间接实体的 QoS。从而扩展 SC 实体认知范围，提高服务组合的服务质量。

(2) 未能获知的环境指通过以上信任推理与 QoS 修正方法仍然无法做出对实体的评价。这种情况在服务动态涌现、动态消失的面向服务计算环境中较多。例如，刚刚涌现的 SP 和 SC 实体，在系统中没有或者与其他实体交互甚少，这样，只有在注册系统中留有自己宣称的 QoS，从而大部分其他实体不能获知其真实的 QoS 评价；另外一种情况是，虽然实体与其他实体进行了一些服务组合的行为，但是，当前进行服务组合的 SC 实体却对其进行评价时却无法通过上面论述的信任演化与 QoS 修正方法获得。

那么，对于当前的 x 个 SP 服务实体如果是属于第一类情况，那么是能够依据前面的信任与 QoS 评价方法确定其 QoS，但是如果属于第二类情况，实际上不管采用何种方法都无法确定其真实的 QoS。因为，这些实体没有或者很少与外界交互，其可信性与 QoS 没有评价的信息来源基础。实际上，在这 x 个 SP 服务实体中，属于第二类实体的比例并不多。大量研究表明，与随机网络相比，“小世界网络”[94] 和 “无尺度网络”[95] 都具有较大的群集系数 (clustering coefficient) 和较短的特征路径长度 (characteristic path length)[94,96]。任意二个实体经过不超过 6 个中间实体就能与对方建立联系的著名的 “六度分隔” 效应说明网络不能做出 QoS 评价的实体非常少，现代研究的小世界及六度分隔原理[95]，表明只要推导路径不大于 6 就可以了，因此，本章中的可信推导长度为 6。

对于欲评价的 x 个 SP 服务实体，如何评价这 x 个 SP 服务实体的 QoS，从中选择 QoS 最高的实体。

针对上面的情况，本章提出了如下的优化策略，策略的主要步骤有如下。

步骤 1　依据 3.3 节的对 SC 实体与 SP 实体的信任与 QoS 评价方法，自己出发推导出对这 x 个 SP 服务实体的 QoS 评价；得到对这些 SC 实体与 SP 实体的信任度与 QoS 评价值；如式 (3-35)~(3-37) 所示，其中 $\varphi_i^{\text{direct}}$ 为实体对 SC 实体的直接信任评价；φ_i^{indir} 为对 SC 实体的间接信任评价；Q_j^{SP} 为对 x 个 SP 实体的 QoS 特征描述。

$$\varphi_i^{\text{direct}} = [\varphi_1 \quad \varphi_2 \quad \varphi_3 \quad \cdots \quad \varphi_n] \tag{3-35}$$

$$\varphi_i^{\text{indir}} = \left[\varphi_1^{\Lambda} \quad \varphi_2^{\Lambda} \quad \varphi_3^{\Lambda} \quad \cdots \quad \varphi_n^{\Lambda}\right] \tag{3-36}$$

$$Q_j^{\text{SP}} = \begin{bmatrix} O_1^{\varepsilon 1} & O_1^{\varepsilon 2} & O_1^{\varepsilon 3} & \cdots & O_1^{\varepsilon k} \\ O_2^{\varepsilon 1} & O_2^{\varepsilon 2} & O_2^{\varepsilon 3} & \cdots & O_2^{\varepsilon k} \\ \vdots & \vdots & \vdots & & \vdots \\ O_x^{\varepsilon 1} & O_x^{\varepsilon 2} & O_x^{\varepsilon 3} & \cdots & O_x^{\varepsilon k} \end{bmatrix} \tag{3-37}$$

步骤 2　依据公信力的 SC 与 SP 实体推导出对 x 个 SP 服务实体的 QoS 评价。

由于具有公信力的实体可能有多个，那么有多个上述的评价结论，在这种情况下，对所有公信力实体的评价结果进行加权平均处理。得到如下的公信力实体评价的总体结论如下所示：

$$\varphi_{\Theta}^{\text{direct}} = [\varphi_1 \quad \varphi_2 \quad \varphi_3 \quad \cdots \quad \varphi_n] \tag{3-38}$$

$$\varphi_{\Theta}^{\text{indir}} = \left[\varphi_1^{\Lambda} \quad \varphi_2^{\Lambda} \quad \varphi_3^{\Lambda} \quad \cdots \quad \varphi_n^{\Lambda}\right] \tag{3-39}$$

$$Q_j^{\Theta} = \begin{bmatrix} O_1^{\varepsilon 1} & O_1^{\varepsilon 2} & O_1^{\varepsilon 3} & \cdots & O_1^{\varepsilon k} \\ O_2^{\varepsilon 1} & O_2^{\varepsilon 2} & O_2^{\varepsilon 3} & \cdots & O_2^{\varepsilon k} \\ \vdots & \vdots & \vdots & & \vdots \\ O_x^{\varepsilon 1} & O_x^{\varepsilon 2} & O_x^{\varepsilon 3} & \cdots & O_x^{\varepsilon k} \end{bmatrix} \tag{3-40}$$

步骤 3　结合这两个评价给出综合的 QoS 评价。

$$Q_j^Z = \lambda Q_j^{\mathrm{SP}} + (1-\lambda) Q_j^{\Theta} \tag{3-41}$$

其中 λ 权重表示对 SP 实体的 QoS 评价是以自己评价得到的结论所占的比重。

步骤 4　访问服务代理中心的表 3-1 所示的数据，得到当前对这 x 个 SP 服务实体访问的负载情况，再查找这 x 个 SP 服务实体的 QoS 特征表，给出其当前的实际 QoS 评价值；

$$Q_j^{\mathrm{curent}} = \Gamma(Q_j^Z) = [\varphi_1^{cu} \quad \varphi_2^{cu} \quad \varphi_3^{cu} \quad \ldots \quad \varphi_n^{cu}] \tag{3-42}$$

其中，Γ 代表了对 Q_j^Z 的 QoS 特征矩阵依据当前 SP 实体的负载情况下得到其对应的实际 QoS 值的函数。

步骤 5　步骤 4 给出了能够推导出的 SP 实体的当前 QoS 值 (在计算过程中对 SP 实体也进行了评价，但目的是为了评价 SP 实体)。对于无法确定其 QoS 的 SP 实体，依据其宣称的 QoS 特征，并结合表 3-1 所示的数据，得到当前这些服务实体访问的负载情况。从而推导出当前这类服务实体的 QoS 实际值。

$$Q_{un}^{\mathrm{curent}} = \Gamma(Q_{un}) = [\varphi_1^{un} \quad \varphi_2^{un} \quad \varphi_3^{un} \quad \ldots \quad \varphi_n^{un}] \tag{3-43}$$

步骤 6　那现在对于欲评价的 x 个 SP 服务实体有两种类型，一类是能够依据信任推理与 QoS 评价方法能够推理得到的 SP 实体，保存在向量 Q_j^{curent} 中；另一类是无法通过信任推理与评价方法得到 QoS 评价结果的 SP 实体，保存在向量 Q_{un}^{curent} 中。那么如何从中选择 QoS 高的 SP 实体。

设应用所要求的最少服务质量为 Q_{req}，那么向量 Q_j^{curent} 和 Q_{un}^{curent} 只有大于 Q_{req} 才能满足需求；满足应用的 SP 实体可能有多个，如果选择向量 Q_j^{curent} 中的 SP 实体中 QoS 最高的实体，保证服务组合的成功率比较高；如果选择向量 Q_{un}^{curent} 中的 SP 实体，有可能得到 QoS 更高的服务组合，但服务组合成功率可能得不到保证，但这样做的利处是通过交互后，扩大了自己的认知环境，从前面的论述可知，只要一次交互行为，就能够极大的丰富实体的认知环境，从而为实体后续的服务组合提供指导作用。可见，SC 实体在进行服务组合时，如果每次仅在向量 Q_j^{curent} 进行选取，那么，可保证选取的 SP 实体满足应用的需求，但存在的问题是，每次只能在已知的范围内寻找，因而导致可认识环境缺乏，可能在互联网络中存在更好的

SP 实体，而不能选取；从向量 Q_{un}^{curent} 中选取，则有可能得到意想不到的高 QoS 服务组合，但其风险性较大，得到欺骗性的 SP 实体的概率较大，但能够扩大实体的认知范围，为以后的服务组合提供认知环境，对后续的服务组合有利。

基于以上分析，可见，最好依据实体目前的状态决定是否可评价实体，还是选择不可评价实体，以取得一种均衡。本章采取的选择方法是采用随机函数的方法，先产生一个随机数，如果随机数小于给定的阈值，则从 Q_j^{curent} 中，否则从向量 Q_{un}^{curent} 中选取。即

$$\begin{cases} \text{从 } Q_j^{\text{curent}} \text{ 中选取} & f\ \text{random}(\ ) < d_0 \\ \text{从 } Q_{un}^{\text{curent}} \text{ 中选取} & f\ \text{random}(\ ) > d_0 \end{cases} \tag{3-44}$$

3.4.2 服务评价与选取方法

前面已经论述了服务评价与选取的方法与思想，下面给出形式化的服务可信 QoS 评价与选取方法的描述。

算法 3-1 SC 实体 c_i 需要从 ν 类服务实体的 x 个 SP 服务实体选取一个 SP 实体，算法给出其中一个 QoS 高的服务实体。

输入：实体自身宣称的 QoS 矩阵式 (3-2)；信息服务交互过程产生的信息表 3-1，以及从表 3-1 中提取的交互信息矩阵式 (3-3)。

输出：从 x 个 SP 服务实体中选择 “最佳”QoS 的 SP 实体。

(1) 从交互信息矩阵式 (3-3) 提取实体 c_i 的交互信息形成矩阵 $\vartheta_i^{\text{direct}}$ 式 (3-4)，然后依据式 (3-5)~(3-9) 的计算得到直接信任评价矩阵：

$$\varphi_i^{\text{direct}} = [\varphi_1 \quad \varphi_2 \quad \varphi_3 \quad \cdots \quad \varphi_n]$$

对间接 SC 实体依据式 (3-11)~(3-19) 计算得到间接信任评价矩阵：

$$\varphi_i^{\text{indir}} = \left[\varphi_1^{\varLambda} \quad \varphi_2^{\varLambda} \quad \varphi_3^{\varLambda} \quad \cdots \quad \varphi_n^{\varLambda}\right]$$

经过式 (3-21)~(3-32) 的计算得到对 SP 实体 j 的信任度：

$$\psi(\text{SP}_j) = 1 + \theta(\text{SP}_j)\%\partial$$

并计算得到对 SP 实体 j 的 QoS 评价向量：

$$O_j^{\text{sc}} = [O_j^{\varepsilon 1} \quad O_j^{\varepsilon 2} \quad O_j^{\varepsilon 3} \quad \cdots \quad O_j^{\varepsilon k}]$$

对 x 个 SP 服务实体的 QoS 特征向量形成如下的矩阵：

$$Q_j^{\text{SP}} = \begin{bmatrix} O_1^{\varepsilon 1} & O_1^{\varepsilon 2} & O_1^{\varepsilon 3} & \cdots & O_1^{\varepsilon k} \\ O_2^{\varepsilon 1} & O_2^{\varepsilon 2} & O_2^{\varepsilon 3} & \cdots & O_2^{\varepsilon k} \\ \vdots & \vdots & \vdots & & \vdots \\ O_x^{\varepsilon 1} & O_x^{\varepsilon 2} & O_x^{\varepsilon 3} & \cdots & O_x^{\varepsilon k} \end{bmatrix}$$

(2) 依据与上面类似的推理方法，推导出具有公信力的 SC 与 SP 实体对 x 个 SP 服务实体的 QoS 评价。

由于具有公信力的实体可能有多个，那么有多个上述的评价结论，在这种情况下，对所有公信力实体的评价结果进行加权平均处理。得到如下的公信力实体评价的总体结论如下所示：

$$\varphi_{\Theta}^{\text{direct}} = [\varphi_1 \quad \varphi_2 \quad \varphi_3 \quad \cdots \quad \varphi_n]$$

$$\varphi_{\Theta}^{\text{indir}} = [\varphi_1^{\Lambda} \quad \varphi_2^{\Lambda} \quad \varphi_3^{\Lambda} \quad \cdots \quad \varphi_n^{\Lambda}]$$

$$Q_j^{\Theta} = \begin{bmatrix} O_1^{\varepsilon 1} & O_1^{\varepsilon 2} & O_1^{\varepsilon 3} & \cdots & O_1^{\varepsilon k} \\ O_2^{\varepsilon 1} & O_2^{\varepsilon 2} & O_2^{\varepsilon 3} & \cdots & O_2^{\varepsilon k} \\ \vdots & \vdots & \vdots & & \vdots \\ O_x^{\varepsilon 1} & O_x^{\varepsilon 2} & O_x^{\varepsilon 3} & \cdots & O_x^{\varepsilon k} \end{bmatrix}$$

(3) 结合这两个评价给出综合的 QoS 评价。

$$Q_j^Z = \lambda Q_j^{\text{SP}} + (1-\lambda) Q_j^{\Theta}$$

(4) 访问服务代理中心的表 (3-1) 所示的数据，得到当前对这 x 个 SP 服务实体访问的负载情况，再查找这 x 个 SP 服务实体的 QoS 特征表，给出其当前的实际 QoS 评价值：

$$Q_j^{\text{curent}} = \Gamma(Q_j^Z) = [\varphi_1^{cu} \quad \varphi_2^{cu} \quad \varphi_3^{cu} \quad \cdots \quad \varphi_n^{cu}]$$

(5) 对无法推导出的 SP 实体，依据 SP 实体自身宣称的 QoS 并依据表 3-1 所示的交互信息的负载情况，从而推导出当前这类服务实体的 QoS 实际值。

$$Q_{un}^{\text{curent}} = \Gamma(Q_{un}) = [\varphi_1^{un} \quad \varphi_2^{un} \quad \varphi_3^{un} \quad \ldots \quad \varphi_n^{un}] \tag{3-45}$$

(6) 用随机因子方法，从上述两类 SP 实体中选取 QoS 评价最高的 SP 实体返回给用户。

$$\begin{cases} \text{从 } Q_j^{\text{curent}} \text{ 中选取 } f\ \text{random}(\ ) < d_0 \\ \text{从 } Q_{un}^{\text{curent}} \text{ 中选取 } f\ \text{random}(\ ) > d_0 \end{cases}$$

End

3.5 模型分析与实验结果

3.5.1 模型分析

服务的 QoS 评价研究已经有很多，与之相比本章提出的方法有如下四个突出特点。

(1) 受限于可信实体间的信任演化与 QoS 评价。由于不可信实体的推荐值也难以可信，因此，本章与以往信任推理策略重要的区别就是保证推理在可信实体间进行，从而保证得到的信任推理是可信的。这样可避免传统信任关系在采用信任路径推理中不考虑实体可信性，得到的结论可解释性不强、结论不一致的不足。

(2) 能够较好地给出 SP 实体当前能够提供的真实 QoS。在以往的 QoS 评价中得到的 QoS 评价结果并不是当前 SP 实体能够提供的 QoS，而是 SC 实体感受到的 SP 实体提供的 QoS，而不是 SP 实体真实的 QoS 能力，也不是 SP 实体当前所能够提供的 QoS。所以不能较好地指导服务组合中的服务选择。在本章中，首先通过信任推理与 QoS 评价，得到 SP 实体 QoS 在不同组合环境下所能够提供的 QoS 值的情况，然后，根据 SP 实体当前的负载情况给出当前 SP 实体所能够提供的 QoS，从而较为准确地给出了 SP 实体当前所能够提供的 QoS，从而能够较好地指导服务组合。

(3) 能够较为容易而有效地识别共谋欺骗。一般系统对于恶意实体较为容易区分，因为它总是提供虚假的评价，而对于共谋实体难以区分。在传统信任关系推理中以交互过程中的相互评价值为标准[97]，对实体的信任进行 “加分” 与 “减分”。而本章的策略以实体的直接交互评价，以及具有公信力的实体的评价为评价标准，将其他实体的评价与这些真实实体的评价相对照，因而共谋欺骗不会增加其信任值，反而会因为其共谋欺骗次数越多，共谋同伙间的评价与真实实体的评价对照时评价相差太大，其信任值反而越小，因而能够识别共谋欺骗。此外，本章特别研究了一类真实服务实体在不同组合环境中对同一 SP 实体的 QoS 评价不一致的情况，而这种不一致的多样性评价往往是对 SP 实体的真实评价，而不是虚假的评价，因此本章特别引入了 SP 实体所在的组合环境的概念，从而较好地解决了这一问题。尽我们目前的研究所知，本章的研究是第一次针对性地提出与解决此类问题。

(4) 丰富信任关系，避免前期信任匮乏的现象。虽然服务请求者只与系统中的少数几个实体进行过交互。但依据这几个实体可以推理出与这几个实体交互的其他实体，而依此扩展，使得系统得到的信任关系非常丰富。

3.5.2 实验参数设置

通过模拟实验对本章模型及相关信任演化服务组合机制进行测试，硬件环境：CPU 为 Intel Pentium IV 2.0GHz，内存为 1.5G，操作系统为 Windows XP。算法实现工具为 VC6.0。为了切近实际网络环境，在模拟实验中做如下设定。

(1) 实验中主体的两种角色：服务提供者 (SP)，服务消费者 (SC) 是相互独立的, 一个主体即可以作为 SP 也可以作为 SC，一个主体可能是个好的 SP 或者 SC，但有可能是恶意的 SP 或者 SC，但几个身份相互独立，互不影响。

(2) SC 可以分为 4 种类型：① A 类实体，总能反馈自己真实所得到的服务的评价。② B 类实体，对其他实体总给出不真实的评价，但没有共谋的同类。在实验中采用 $[-\zeta,\zeta]$ 的一个随机数 σ，用 σQ_i^t 来返回其 QoS 的评价值，ζ 随系统环境而定，当 ζ 取值为 2 时表示 B 类实体最大的虚假评价为其正常值的 2 倍。③ C 类实体，有时根据扩大因子 $\varDelta$ 对其他实体给出扩大的评价 $Q_i^t+\varDelta(1+\varepsilon)$；有时根据缩小因子 $\varDelta$ 对其他实体给出缩小的评价 $Q_i^t-\varDelta(1+\varepsilon)$。④ D 类实体，是一类共谋实体，对共谋圈内的实体总是以正面的方面来进行评价 (虚假地提高其 QoS 值, 如 $Q_i^t+\varDelta(1+\varepsilon)$)，从而欲提高其共谋者的信任度，对共谋圈外的实体评价是虚假的, 如 σQ_i^t。

同样，对于 SP 实体也分为 4 种类型：① A 类实体: 提供的服务质量与自己宣称的服务质量一致，并总是提供真实，可信的服务 (尽力而为的服务)。由于服务所能够提供的 QoS 与负载有关，超过一定负载后，QoS 下降。采用的实验方法为如图 3-1 所示的分段函数, 分段函数如下所示。在式 (3-46) 中，l_0 表示负载较小的一个下界，当负载小于 l_0 时，SP 实体提供的服务最好为 $Q(0)$，l_1 表示负载较大的一个上界，当负载超过此上界时，SP 拒绝服务，因此 QoS 为 0，其他情况是一个随负载增大，QoS 下降的曲线。

$$\begin{cases} Q(0), & l<l_0 \\ Q_i^t(l_0)=\dfrac{l-l_0}{l_1-l_0}Q(0), & l_1\geqslant l\geqslant l_0 \\ 0, & l>l_1 \end{cases} \tag{3-46}$$

② B 类实体: 虚假或者恶意的实体，或者不提供服务却宣称有好的服务，或者提供恶意的服务，或者质量非常低劣的服务。③C 类实体，这类实体在不同时间上不定的提供真实的服务与虚假的服务。④D 类实体，具有共谋的实体，提供虚假的服务，但共谋圈内实体的对其有较高的虚假的评价。

在下面的实验中，如没有特别指明，则 SC 主体的个数为 3000 个，4 类 SC 的个数为: A 类 1500 个，B 类、C 类、D 类各 500 个。SP 主体的个数为 3000 个，4 类 SP 的个数为: A 类 SP 实体 1500 个，B 类、C 类、D 类实体各 500 个。这样的比例保证实体中真实实体的比例大约为 50%。

以上实验场景已经在一些研究中得到了较好的采用[98]，本章的实验也是采用与上面类似的实验场景。

3.5.3 环境感知的服务可信 QoS 评价性能评测

由于最小 QTS 选取的 QTS 比相同 QTS 还少，因而其性能比相同 QTS 方法还差。因而在实验中，只选取了相同 QTS 方法与本章 AQM 方法进行对比。图 3-3 的实验结果给出了网络不同环的节点进行数据转发的延迟。从实验结果可以看出，由于在第 1 环采用相同的 QTS，而在后面增加不等数量的 QTS，因而，AQM 方法中的延迟比相同 QTS 方法要小。在图 3-4 中给出了 AQM 方法与相同 QTS 方法的端到端延迟的对比，同样，本章的 AQM 方法要好于其他方法。

图 3-5 给出了整个网络加权延迟的对比。从实验结果可以看出本章 AQM 方法的延迟要小于其他方法。图 3-6 给出了 AQM 方法减少延迟的比例。从实验结果可以看出，本章的 AQM 方法可以减少的延迟为 6.7%～12.8%。

3.5.4 能量有效性对比

下面的实验将从如下六个方面来对本章提出的基于环境感知的可信服务 QoS 评测策略进行评价。

(1) 对不同类的 SC 与 SP 实体的可信评价结果。

图 3-4 给出的是随着系统的运行，让可信的 SC 实体发出服务组合的请求，并记录在实验的过程中有可信 SC 实体对这四类 SP 实体的平均信任值情况。从图 3-4 可以看出，随着交互次数的增长，SC 实体获得对环境的 "认知" 越多，从而对各类 SP 实体的评价更加接近其真实情况。其中对虚假与真实服务的信任都与真实情况相符合，而对于 D 类 SP 实体，虽然具有共谋的实体，但由于本章的信任推导方法是不依赖于虚假实体的信任评价，信任推理仅限于可信实体间。因此，在交互次数较小的组合环境中，其信任值不是很低 (也比 0 要小)，但随着交互次数的增长，其信任值非常低。

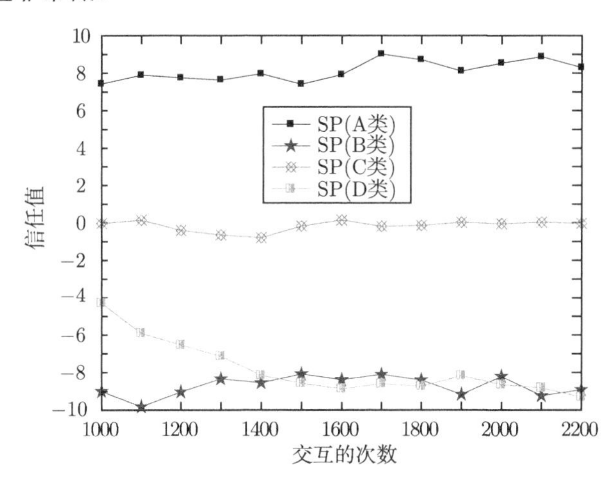

图 3-4 随着交互次数的增长对 SP 实体的平均信任值

图 3-5 给出的是在上述场景下，可信 SC 实体对这四类 SC 实体的平均信任值情况。从图 3-5 可以看出：同样，随着交互次数的增长，SC 实体获得对环境的 "认知" 越多，从而对各类 SC 实体的评价更加接近其真实情况。同样对于共谋的 SC 实体 (D 类)，系统能够识别出这种情况，因而其信任较低。而对于 C 类 SC 实体。

因为，总是提供高于或者低于实体真实能力的评价值，因此，根据其偏离真实值的程度，其信任值低于正常值一定范围。

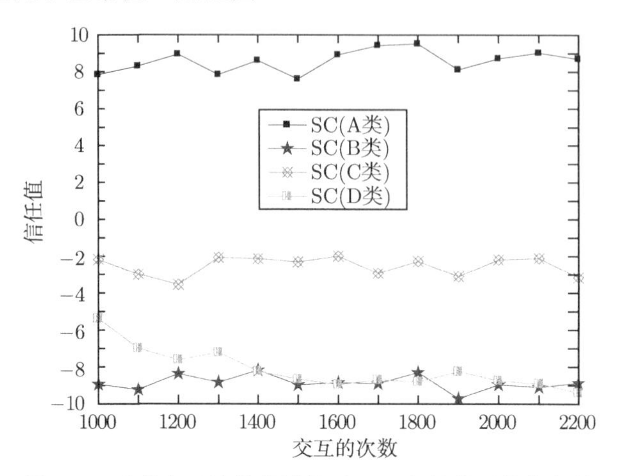

图 3-5　随着交互次数的增长对 SC 实体的平均信任值

上面的实验证实了本章策略能够较好的克服以往信任推理与评价中存在的一些问题，并将信任限制在可信实体间传递，从而使评价的结果更为可信。

(2) 可信实体的丰富程度。

图 3-6 给出的是依据本章的信任推理与 QoS 评价的策略方法具有如下的特点：即在与其他实体交互次数较少的情况下，能够很快地扩大自己的“认知”范围 (可推理的实体数量)，这也是与六度分隔理论相符的[53]。

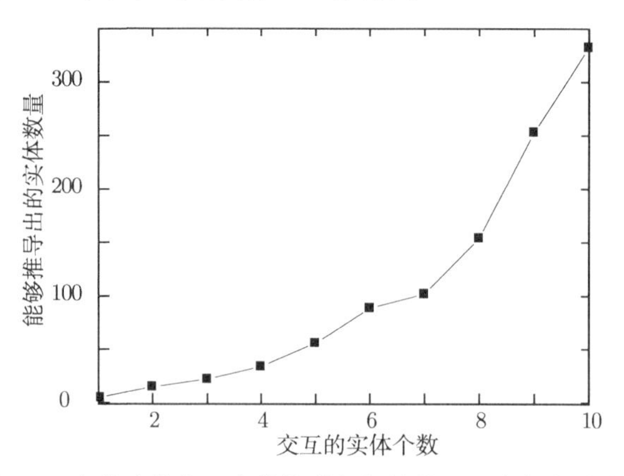

图 3-6　实体随着交互次数的增长能够推理出来的实体个数

(3) 不同评价方法选择的 SP 实体情况。

本章的对 SP 实体的 QoS 与以往方法主要的不同在于，本章对 QoS 的评价需要依据当前 SP 实体的组合环境 (主要是负载情况) 而给出 SP 实体当前能够提供的 QoS，而以往的研究往往以一段时间内 SP 实体提供的 QoS 加权作为评价结论。

图 3-7 给出了按照本章提出的策略 (在图中标示为 X) 与传统方法 (指按照最近一段时间内的 QoS 依据时间轴加权给出 QoS 评价值的方法，在图中标示为 Y) 选择 SP 的情况。在图 3-7 的实验中，假设只有两个 SP 服务，即 SP 实体 A 和 SP 实体 B，服务 A 的 QoS 能力是服务 B 实体 QoS 质量的 4 倍。而访问请求总数量一定为 400 个，并且实体都是可信的，不考虑非可信的情况。在传统方法 Y 中，由于 SC 刚刚访问时得到 SP 实体 A 的 QoS 大，因而有很多 SC 实体访问实体 A，但由于过多的请求会导致实体 A 的 QoS 下降，而实体 B 的 QoS 由于少有访问而较高，这样，SC 实体经过加权后，选择实体 B 的增多，选择实体 A 的减少，而导致实体 A 提供的 QoS 又上升，这样由于传统评价方法的滞后性，导致出现服务选择的 "颠簸" 性。而本章提出的方法是以当前服务实际能够提供的 QoS 为标准，因此，访问是比较平衡的，如图 3-7 所示。

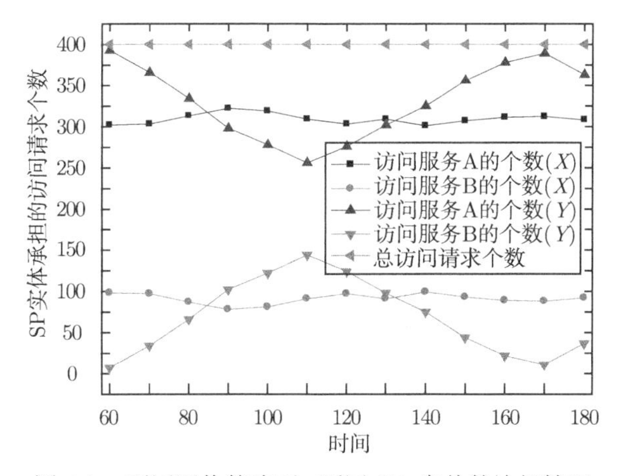

图 3-7 不同评价策略下，不同 SP 实体的访问情况

在图 3-7 的实验中，如果设定服务 A 的服务能力为 300 个请求，服务 B 的服务能力为 90 个访问请求，超过服务能力的访问请求的成功率只有 20%。那么在本章的 QoS 评价策略下进行服务选取导致服务组合失败的次数，以及按照传统 QoS 方法评价进行服务选择导致服务组合失败的次数如图 3-8 所示，从图 3-8 可见，本章提出的策略能够显著的减少服务组合失败的次数。

(4) 不同随机选择函数下对服务组合成功率的影响。

图 3-9 的实验结果表示在服务的选取中，如果对未知实体 (不能依据信任推理与 QoS 评价机制得到信任与 QoS 评价值的实体) 选择的概率 d_0 分别为 0，0.1，0.2 时随着服务组合的进行，服务组合成功率的关系。从图中可以得到的结论是：如果

d_0 比较小时，那么 SC 实体大多局限于自己能够推导出的实体中进行组合，因此，在服务组合的前期，服务组合成功率比较高；但随着服务组合的进行，概率 d_0 大的策略中，由于与外界交互作用增多，使得 SC 实体扩展了自己“认知”范围，为后面的服务组合打下了基础，从而随着服务组合的进行，由于这种策略能够选取 SP 实体的范围比较大，因而服务组合成功率上升。这与人类社会的交往是类似的，在开始阶段尽管与不相识的打交道可能会受骗，但交往多了以后，扩展了视野 (相当于认知范围)，为后面的交往创造了条件。而局限于自己原有范围内的策略不会具有这样的情况。

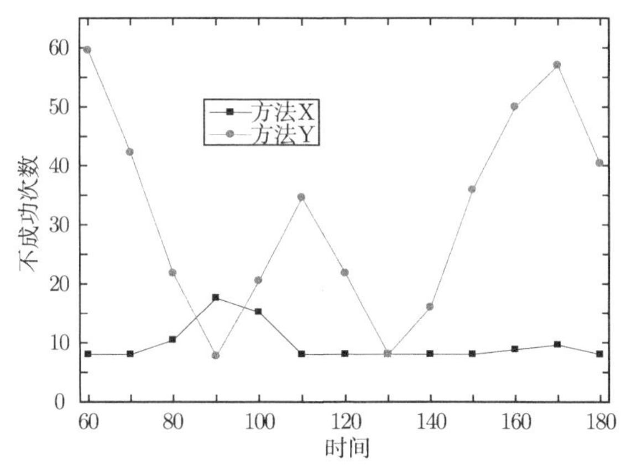

图 3-8　不同评价策略下，服务组合的成功率

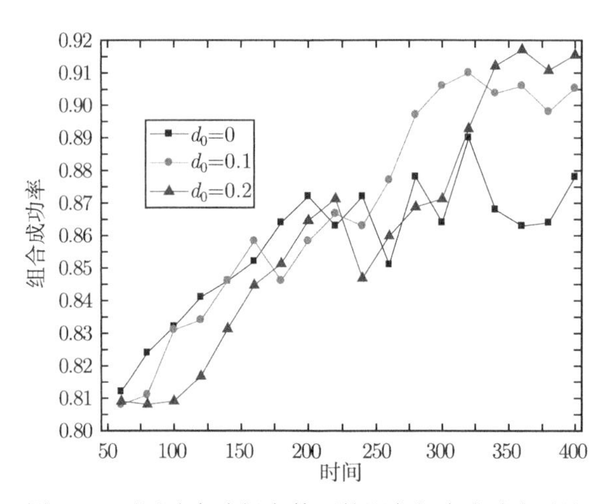

图 3-9　不同动态选择参数下的服务组合成功率对比

图 3-10 所示的是在概率 d_0 分别为 0，0.1，0.2 时随着服务组合的进行时，得到的组合服务质量的情况。与前面的分析一致，当 d_0 比较小时，由于局限于自己

的小认知范围，因而可选择的范围较小，故服务组合质量一般，而 d_0 较大的策略组合时，可选择的服务范围比较大，因而得到的服务组合质量较高。

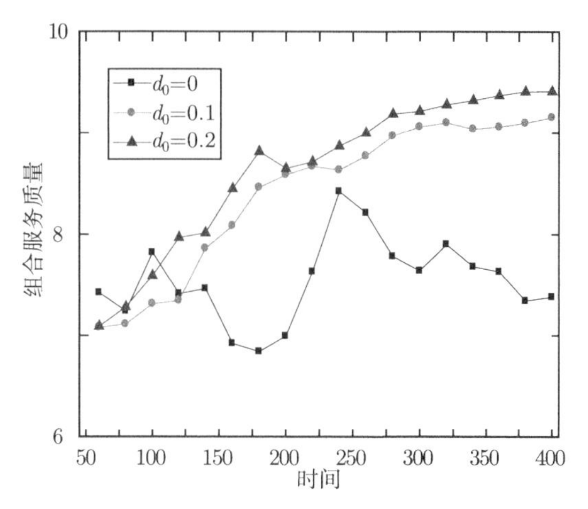

图 3-10 不同动态选择参数下的服务组合质量对比

(5) 不同交互次数与评价准确率的关系。

图 3-11 给出了在虚假 SC 实体不产生负载，只有真实的 SC 实体产生真实的负载请求的情况下，本章的策略对真实的 SP 实体评价的准确性。评价准确性的指标是，采用评价系统得到的 QoS 特征向量与真实 SP 实体实际的 QoS 向量的向量差距的比率 (在实验环境中真实 SP 实体宣称的 QoS 特征向量就是其实际的 QoS)。从图中可以看出，随着交互次数的增多，对 SP 实体的评价越准确。

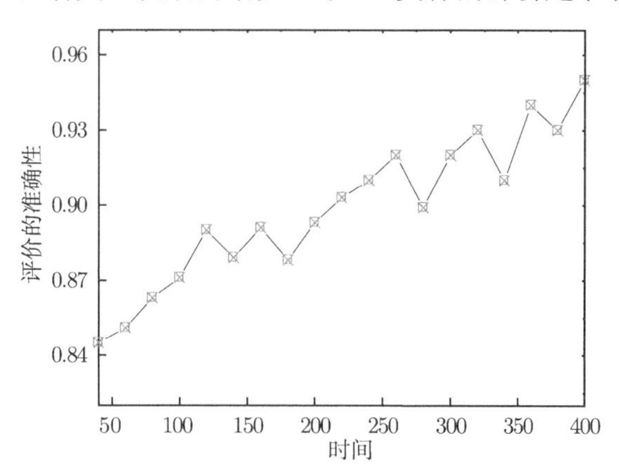

图 3-11 随时间增长对 SP 实体评价的准确性

(6) SC 实体对 SP 实体评价的影响。

在图 3-11 中，实验假设的是 SC 实体不对 SP 实体产生影响，但在实际中，虚假的 SC 实体向真实的 SP 实体请求服务组合时，真实的 SP 实体如果不能识别这种情况，那么对其提供服务 (尽管虚假的 SC 实体不需要)，那么虚假的 SC 实体还是会对 SP 实体产生影响。下面的实验来分析这种情况。

图 3-12 所示的是在虚假 SC 实体产对 SP 实体产生负载压力的情况，一种是虚假 SC 实体保持 20%的负载不变的情况，一种是虚假 SC 实体的负载占总负载的 20%，但是其负载经常变化 (从 0 变化到 40%)。在第一种情况下，本章的策略还是能够保持一定的准确率，而且随着交互次数的增多，判别的准确率上升。其原因是如果虚假 SC 实体的 20%的负载不变，那么判断的实际 QoS 被这些虚假的 SC 实体所占用，SP 实体真实能够提供给用户的为余下的 80%的 QoS，因此，本章的策略只能识别出此 SP 实体 80%的 QoS，从而其 QoS 判断的准确下降，但真实的 SC 实体得到的 QoS 就是这剩下的 80%的 QoS，因此对服务组合来说不会影响其成功率与服务质量。而在第二种情况下，由于虚假的 SC 实体总是变化，导致 SP 实体所能够提供给用户的 QoS 经常变化，而这种变化被算法所感知具有滞后性，因而导致判断的准确性更加下降，从而影响服务组合的成功率与服务质量，这需要深入研究。

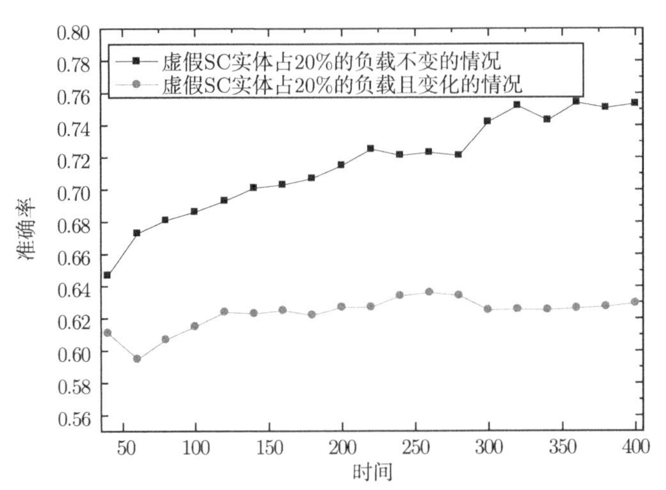

图 3-12 虚假 SC 实体产生压力时对 SP 实体评价的准确性

3.6 本 章 小 结

本章针对网络中的 Web 服务极其丰富，但服务组合中难以获得较为真实的 SP 实体的 QoS 评价的情况，提出了一种基于信任推理演化的 QoS 评价结构与策略。与以往研究不同的是本章对 SP 实体的 QoS 表达采用了特征向量的方法，以较全面地表达 SP 实体的 QoS 特征。同时，本章的评价策略采用了结合服务组合环境的方法，即考虑了在不同负载条件下 SP 实体所能提供的 QoS 的为真实的评价结果，克服了以往服务 QoS 评价中并不是真实反映 SP 实体当前 QoS 的不足，并提出了相应的服务选取策略，实验结果表明了策略的有效性。

第 4 章　基于信任推理与演化的服务组合策略

4.1　概　　述

由于 Internet 环境的开放性和动态性以及 Web 服务的随机不确定性，虽然互联网上具有功能等价且可相互取代的服务非常丰富，但用户得到高质量的服务组合却甚为困难 [24,25]。其中最主要的原因在于：不能保证服务组合的各参与方的可信性，服务组合的各参与方都有可能存在恶意、欺诈、虚假的可能性。而且互联网中恶意的服务实体往往非常活跃，而真实可信的服务往往被边缘化，不但得不到良性的回报，甚至受到不 "公正" 的对待，导致用户发布服务的积极性不高。相关对 P2P 网络文件共享的研究指出，互联网上有 25%的实体是 free riders[99](只获取文件而从不提供文件共享的实体)。这种情况进一步使用户感觉互联网的不可信，不愿意共享自己的服务 (文件共享可认为是服务的一种具体形式)，使服务组合面临恶性循环，即所谓的 "劣币逐良币" 现象 [98]。

虽然研究人员提出了各种各样的信任模型，但还没有一种较好的信任模型能够较好地解决 3.1 节指出的信任不良问题。在第 3 章中，我们提出了如何评价服务的真实的 QoS。本章更进一步，提出一种新的信任推理框架与推理系统以帮助 Web 组合的参与方获得较为真实的服务质量与信任值的评价，从而提高服务组合的服务质量。提出的信任推理框架与推理系统主要有如下两点。

一、基于当前面向服务的组织框架，能够较好地与当前的 Web 服务体系结构相结合。

本章的信任推理系统分为两个主体组成部分。

(1) 公共信任演化系统：其实施的主体是 Web 服务体系框架结构中的服务代理 (services broker，SB)，其主要功能是记录服务交互过程中的服务质量评价与信任演化数据，所有服务组合方都能够获取服务代理 (SB) 的数据，所以称为公共信任演化系统。

但与以往研究不同的，我们并不认为所有向服务代理 (SB) 报告的信息 (参与组合实体的信任值与服务质量的评价) 是真实的。也不要求 "服务选择代理在客户端中插入监控机制，采集 Web 服务调用中的实际运行数据 (如服务调用是否成功)"[12]。本章的服务代理 (SB) 只机械地记录实体历次交互的信息以及服务实体交互过程中反馈的信任与服务质量方面的信息，并不要求汇报的信息是真实的，而且反馈不是强制性的。虽然这些反馈信息不一定真实，但至少表明了实体的某一种主观倾向，从而本章以此作为信任推理的一种原始信任数据。可见本章的信任推理系统对当前的开放网格服务体系架构 (OGSA) 无特殊的要求 [100]，能够适用于当前的 Web 服务体系结构中，而那种强制服务组合实体向信任报告交互的情况，并要求真实的报告交互过程中所得到的服务质量与信任值的方法在实际中往往难以实施。而有些试图建立公共的信任系统的研究，如在图 4-1 中建立一种信任评测中心 (credit rating center，CRC)，以此来指导服务组合中的服务选取的方法 [101,102]，在实施中也存在问题，信任评测中心的信任数据来源是各实体报告的数据，这类信任机制最大的不足是不能保证实体向 CRC 报告的数据是可信的，从而导致以此为基础的信任推导的基础主要依赖于 “多数原则”，多数认为可信则认为实体可信，显然容易陷入共谋欺骗。

(2) 实体自身的信任演化系统。正因为服务代理 (SB) 中的信任与服务质量评价信息并不能够保证其真实性，与现实社会交互过程类似，人类更多的是基于自己的知识来推导与评价其他实体。因此，本章信任推理系统的第二个组成部分的实施主体是服务组合实体本身。

在实体自身的信任演化系统中，实体记录与自己交互的行为，得到直接的对其他实体的信任与服务质量评价。在此基础上，结合公共信任评价与自身信任评价系统，就能够较好地进行信任的推理了。

这种方法的主要思路是：将实体本身直接交互过程中得到的对实体 X 的服务质量的评价作为信任的 “桩”(strut)，检查其他实体对实体 X 的评价，如果其他实体，例如，实体 Y 对实体 X 的评价与自己的评价是一致的，那么我们就间接地印证了实体 Y 是可信的，提高实体 Y 的可信度，如果实体 Y 对实体 X 的评价与自己直接交互得到的评价不一致，那么可以认为实体 Y 做出的评价可信度不高，降低其信任度。基于同样的思想，递归查找与实体 Y 交互的实体，同样的道理这时以实体 Y 为信任 “桩” 来更新其他实体的信任度，这个过程还可以在一定递归深度内递归推导下去。在这样的系统中，实体通过一次交互过程，系统就可扩展到大量其他实体可信值信息，这样实体只需经过少许的交互行为就可以得到较为丰富的信任评价系统，具有如下优点：①克服了直接信任关系稀小的问题 [98]。②可有效识别共谋欺骗。虽然共谋者可以通过虚假的共谋在公众系统中得到较高的信任值与服务质量，但在实体自身的信任演化系统中，越是共谋次数越多，其虚假程度越大，多次通过 “桩” 的评测后，其信任度就越低。③避免以往信任演化系统中前期信任匮乏的现象，前期信任匮乏是指信任演化系统中的初期由于实体与系统的交互次数很少，不能建立自己的信任体系，从而在受到欺骗后才能记录与避免不真实的实体。而在本章的策略中，虽然虚假实体可以通过共谋或者虚假宣称自己具有较高的服务质量，但本章的演化系统能够不通过直接的交互，可以大大减少初期受到欺骗的概率，从而极大限制虚假的服务，提高了服务组合的服务质量，如服务组合成功率，服务组合的 QoS 指标，同时也促进了服务网络的良性发展。

二、在信任推理与计算方面采用了可信受限的推理，基于集合的信任推理，逐步逼近评价实体的信任推理方法。

首先，传统的信任推理往往采用推理路径上实体的信任值相乘的方法计算得到，而不管推理路径中是否存在不可信的实体，往往会得到自相矛盾的信任值。产生信任矛盾的主要原因是：不可信实体的可信度本身就非常低，但系统却采用了不可信实体推荐的高信任值，导致整条推理路径上的信任值还是非常高。在实际生活中，一些共谋实体，往往对某些服务提供者 (SP)(如某下载资源) 标以很高的信任度，而用户相信其评价时，去下载时，往往得到的是到一些广告页面的链接地址。而用户往往能够在一些没有评价，或者评价度不是非常高的信任推荐路径中能够得到想要下载的资源，可见，如果不对实体的本身的可信度加以区分，而采用泛化的信任相加或者相乘的方法都是不可取的，都会引起信任评价的缺失与信任泛化。可见，在存在不可信实体的信任路径进行信任推荐是不可信的 (信任缺失与信任泛化)，因此本章在计算信任推荐时，信任推理限制在可信实体间进行，从而避免信任的缺失与信任泛化。

其次，传统的信任推荐方法采取信任推荐路径的计算方法，直接计算对目的实体的信任值。这种方法得到的信任值不仅存在缺失与信任泛化，而且多条信任路径得到的结果也不一致，一般采用加权综合的方法得到一个统一的信任值。导致推理的结果不可解释，意义也不明确，计算也较为复杂。

为克服以上的不足，本章采用集合信任推理的方法。其方法是：设服务消费者 SC_i 需要评价的远方目标 (实体) 为 SP_j，SC_i 先得到与其直接交互 SP 集合 $V1$，推导出对集合 $V1$ 的服务质量与信任值的评价；然后，以集合 $V1$ 为基础，再推导出与 $V1$ 交互的 SC 实体集合 $U2$，并推导出对 $U2$ 的信任评价；重复上述过程，直到推荐得到对目的实体的服务质量与信任值的评价。

最后，为得到对目的实体的信任值与服务质量的评价。在现实生活中，人们去某个目的地，在目的地不是很清楚的情况下，采用的方法是每达到一个地方后，再参考离目标更近位置的信息来修正目标的方向与路径，因为离目标更近的实体具有更加丰富与可靠的信息，从而顺利达到目标。

可见，为获得某个实体 E 的可信度，一般是逐步深入。首先，它会利用离自己比较近的可信实体来推理 E，然后向前推进到某一位置后，再查询此位置周围可信的节点，一步步地逼近目的实体 E，而不是像传统推荐信任那样，一步到位地计算整个的信任值。

本章基于以上分析提出基于信任推理与扩展的 Web 服务组合策略，理论分析与实验结果表明本章的信任推理策略较为真实地反映了实体的状态，提高了服务组合的服务质量。

4.2 公共模型系统及其信任演算

本章的信任推理系统的基于放网格服务体系架构 (OGSA)，由服务代理 (SB)，服务提供者 (SP)，服务消费者 (services customer，SC) 三个参与服务组合的三方组成，其中服务代理中心如 UDDI 充当信任系统的公共系统，记录服务交互的信息。

4.2.1 公共系统的服务质量

Web 服务实体实际上分为两种类型：一类是服务提供者 (SP)，这类实体向外提供服务；另一类是服务消费者 (SC)，这类实体向服务提供者申请服务，并可能对 SP 进行评价。虽然服务实体分为两类，但互联网上的实体往往可以同时具有双重身份，即它可以是 SP 对外提供服务，也可以同时作为 SC 向外申请服务。由于服务组合考察的是如何从互联网中选择高质量的服务组合以提高服务组合的质量，因此，在互联网中 SP 处于主导地位，而 SC 对 SP 的服务质量评价能够帮助服务组合系统获得高质量的服务组合，避免虚假的、欺骗的行为。

用 $p_1, p_2, \cdots, p_N$ 表示系统中的 N 个服务提供者实体，集合 $P = \{p_1, p_2, \cdots, p_N\}$, 称为 SP 实体域。

每一个 SP 实体在向服务代理注册时，会声明自己的服务质量等属性。设第 i 个实体的宣称的 QoS 表示为

$$Q_i^{\text{declare}} = \begin{bmatrix} Q_{i,1}^{\circ} & Q_{i,2}^{\circ} & Q_{i,3}^{\circ} & \cdots & Q_{i,u}^{\circ} \end{bmatrix} \tag{4-1}$$

其中 u 为服务质量的维数。

所有 SP 实体宣称的服务质量的矩阵在代理系统中存储如下 (注：为简化起见，本章的 $Q_{i,k}^{\circ}$ 是指将 SP 实体 i 的第 k 维 QoS 指标归一化为同一量纲后的值)：

$$Q_{\text{all}}^{\text{self}} = \begin{bmatrix} Q_{1,1}^{\circ} & Q_{1,2}^{\circ} & Q_{1,3}^{\circ} & \cdots & Q_{1,u}^{\circ} \\ Q_{2,1}^{\circ} & Q_{2,2}^{\circ} & Q_{2,3}^{\circ} & \cdots & Q_{2,u}^{\circ} \\ \vdots & \vdots & \vdots & & \vdots \\ Q_{n,1}^{\circ} & Q_{n,2}^{\circ} & Q_{n,3}^{\circ} & \cdots & Q_{n,u}^{\circ} \end{bmatrix} \tag{4-2}$$

为了将多维 QoS 指标统一化为一个综合的 QoS 指标，用 ϖ_i 表示第 i 个 QoS 指标的重要性程度, 并且 ϖ_i 满足

$$0 \leqslant \varpi_i \leqslant 1, \quad \sum_{i=1}^{u} \varpi_i = 1 \quad (i = 1, 2, 3, \cdots, u) \tag{4-3}$$

定义 4-1　SP 实体 i 所宣称的归一化服务质量为

$$Q_i^{\text{self}} = \sum_{k=1}^{t} \varpi_k Q_{i,k}^{\text{o}} \tag{4-4}$$

定义 4-2　在服务代理 (SB) 中所有 SP 实体所宣称的归一化服务质量为

$$Q_{\text{normalize}}^{\text{self}} = \begin{bmatrix} Q_1^{\text{self}} & Q_2^{\text{self}} & Q_3^{\text{self}} & \ldots & Q_n^{\text{self}} \end{bmatrix} \tag{4-5}$$

对于 SC 实体，用 $c_1, c_2, \cdots, c_M$ 表示系统中的 M 个服务消费者实体，集合 $C = \{c_1, c_2, \cdots, c_M\}$, 称为 SC 实体域。

定义 4-3　SC 实体 $c_i(c_i \in C)$ 与 SP 实体 $p_j(p_j \in P)$ 交互时向服务代理报告 (如 UDDI) 得到的服务质量指标分别表示为

$$Q(c_i, p_j, s, t) = Q_{i,j}^{\text{report},t} = \begin{bmatrix} Q_{i,j}^{1,t} & Q_{i,j}^{2,t} & Q_{i,j}^{3,t} & \cdots & Q_{i,j}^{u,t} \end{bmatrix} \tag{4-6}$$

其中 s 是 c_i 与 p_j 交互时服务协商得到的服务质量等级，t 是交互时间戳，为了提高信任评估的准确性和动态适应能力，把一段时间分为若干个时间戳，时间戳反映了某一个时刻的服务质量评价，并具有随时间变化而衰减的特性。

定义 4-4　在服务代理 (如 UDDI) 中所有 SC 实体对所有 SP 的评价存储在公共系统中，形成记录的集合，对于每一对 SC 实体 c_i 和 SP 实体 p_j 只保存离当前时间最近的 w 条记录，这样 UDDI 最多可能存储的交互行为记录条数为 $m \times w \times n$。

$$Q_{\text{all}}^{\text{report}} = \begin{bmatrix} Q_{1,1}^{1,t1} & Q_{1,1}^{2,t1} & Q_{1,1}^{3,t1} & \cdots & Q_{1,1}^{u,t1} \\ Q_{1,1}^{1,t2} & Q_{1,1}^{2,t2} & Q_{1,1}^{3,t2} & \cdots & Q_{1,1}^{u,t2} \\ \vdots & \vdots & \vdots & & \vdots \\ Q_{1,1}^{1,tw} & Q_{1,1}^{2,tw} & Q_{1,1}^{3,tw} & \cdots & Q_{1,1}^{u,tw} \\ Q_{1,2}^{1,t1} & Q_{1,2}^{2,t1} & Q_{1,2}^{3,t1} & \cdots & Q_{1,2}^{u,t1} \\ \vdots & \vdots & \vdots & & \vdots \\ Q_{m,n}^{1,tw} & Q_{m,n}^{2,tw} & Q_{m,n}^{3,tw} & \cdots & Q_{m,n}^{u,tw} \end{bmatrix} \tag{4-7}$$

定义 4-5　用 $Q_{ij}^{(t)}$ 表示 SC 实体 c_i 与 SP 实体 p_j 在一次交互过程中向服务代理 (如 UDDI) 报告的归一化服务质量评价。

$$Q_{ij}^{(t)} = \sum_{k=1}^{u} \varpi_k o_{i,j}^{k,t} \tag{4-8}$$

定义 4-6　SC 实体 c_i 与 SP 实体 p_j 多次交互后，服务代理得到的服务质量评价 Q_{ij}：实体 c_i 在与实体 p_j 最近的 w 次交互中的得到的服务质量为

$$\{Q_{ij}^{(1)}, Q_{ij}^{(2)}, \cdots, Q_{ij}^{(w)}\}$$

其中 $0 \leqslant Q_{ij}^{(k)} \leqslant 1, k \in [1, w]$, w 为最大的有效历史记录数，$\{Q_{ij}^{(1)}, Q_{ij}^{(2)}, \cdots, Q_{ij}^{(w)}\}$ 中的元素按照交互的时间顺序排列，$Q_{ij}^{(1)}$ 表示离现在较久的一次交互，$Q_{ij}^{(k)}$ 表示离现在最近的一次交互。则实体 c_i 对实体 p_j 得到的服务质量为

$$Q_{ij} = \begin{cases} \sum\limits_{k=1}^{w} Q_{ij}^{(k)} \cdot \hbar(k) \Big/ w, & w \neq 0 \\ 0, & w = 0 \end{cases} \tag{4-9}$$

式中 $\hbar(k) \in [0, 1]$ 是衰减函数，用来对发生在不同时刻的直接信任信息进行合理的加权，根据人们的行为习惯，对于新发生的交互行为应该给予更多的权重 [4]，衰减函数定义为

$$\hbar(k) = \begin{cases} 1, & k = w \\ \hbar(k-1) = \hbar(k) - 1/h, & 1 \leqslant k < w \end{cases} \tag{4-10}$$

经过上面的服务质量评价方法，对于任意实体 c_i 与实体 p_j 交互的服务实体，都可以得到实体 c_i 对实体 p_j 的服务质量评价值 Q_{ij}，服务代理将所有交互过程中得到的服务质量评价结果存在服务质量的评价矩阵中，矩阵如式 (4-11) 所示。

$$Q_{\text{normal}}^{\text{report}} = \begin{bmatrix} Q_{1,1} & Q_{1,2} & Q_{1,3} & \cdots & Q_{1,n} \\ Q_{2,1} & Q_{2,2} & Q_{2,3} & \cdots & Q_{2,n} \\ \vdots & \vdots & \vdots & & \vdots \\ Q_{m,1} & Q_{m,2} & Q_{m,3} & \cdots & Q_{m,n} \end{bmatrix} \tag{4-11}$$

值得注意的是，$Q_{\text{normal}}^{\text{report}}$ 仅仅是服务组合交互行为后向服务代理报告得到的服务质量的值，系统只负责记录服务交互的情况，并不代表真实的服务质量的值，因为不能保证服务实体所报告的值是真实的。

4.2.2 公共系统的信任演算

根据服务代理中心 UDDI 所记录的服务交互情况，可以依据信任演化的一般计算准则推导出服务实体间的信任演化关系。

因为 SP 实体 p_j 自己对外宣称的服务质量向量为 $Q_i^{\text{self}} = [Q_{i,1}^{\circ} \quad Q_{i,2}^{\circ} \quad Q_{i,3}^{\circ} \cdots Q_{i,u}^{\circ}]$。而 SC 实体 c_i 在时间 t 向 UDDI 报告的服务质量为 $Q_{i,j}^{\text{report},t} = \left[Q_{i,j}^{1,t} \quad Q_{i,j}^{2,t} \quad Q_{i,j}^{3,t} \quad \cdots \quad Q_{i,j}^{u,t}\right]$。则可根据 SC 实体得到的服务质量与 SP 实体所宣称的服务质量之间的差异来表示可信度，显然差异越大，则可信度越小，在交互中表现出来的服务质量如果与其宣称的服务质量一致，则表示服务实体宣称的服务质量是可信的，认为这个实体是可信实体。

定义 4-7(实体 c_i 与实体 p_j 一次交互的差异度) 用 $\tau_{ij}^{(t)}$ 表示实体 c_i 对实体 p_j 一次交互的差异度。令

$$\tau_{ij}^{(t)} = \tau(c_i, p_j, s, t) = \sum_{k=1}^{u} \varpi_m (Q_{i,j}^{k,t} - Q_{j,k}^{\mathrm{o}}) \tag{4-12}$$

显然 $\tau_{ij}^{(t)}$ 为正时表示 SC 实体得到的服务质量比其宣称的服务质量还要高，表示实体 p_j 自己所能够提供的服务质量比宣称的服务质量要高，可认为这种行为是积极的，即认为是可信的实体，如果 $\tau_{ij}^{(t)}$ 为 0，则说明 p_j 非常准确地对外宣称了自己的服务质量，也是可信的。但对比以上两种情况，显然与第一种情况的实体交互中往往能够得到比预期更好服务质量的服务组合，那么系统应该赋予第一种情况的实体更大的可信度。如果 $\tau_{ij}^{(t)}$ 为负则说明 SC 实体得到的服务质量小于实体 p_j 所宣称的服务质量，系统应该认为是一种虚假的行为，可信度较低，而且其可信度与差异值的大小反比，差异值越大，其可信度越低。

这样，计算得到差异度的比例为

$$\psi_{ij}^{(t)} = \tau_{i,j}^{(t)} \Big/ \sum_{k=1}^{u} \varpi_m Q_{j,k}^{\mathrm{o}} \tag{4-13}$$

根据 SC 实体 c_i 得到的服务与实体 p_j 所宣称的服务质量的差异大小来决定实体 c_i 对实体 p_j 的信任度。

$$\phi_{i,j}^{(t)} = 1 + \psi_{i,j}^{(t)} \,\%\, \partial \tag{4-14}$$

其中 ∂ 表示梯度划分的量，% 表示取模，用差异值对梯度取模表示当前 c_i 交互得到的差异值与实体 p_j 宣称的服务质量间相差多少梯度，如果正向相差越多，表示服务越可用、可信，而负向相差越多，表示服务虚假的程度越高，当差异值的绝对值小于 ∂ 时，表示服务是可信的，这时计算得到的可信度为 1，当负向差异值大于 ∂ 时，表示其宣称的服务质量小于实体与其交互时得到的服务质量，而且超过了一定限度，这时计算得到的信任值为小于等于 0 的值，表示信任度较低。

服务代理将所有交互过程中得到的服务信任评价结果存在信任评价矩阵 $\phi_{\mathrm{all}}^{\mathrm{report}}$ 中，矩阵如式 (4-15) 所示。

$$\phi_{\mathrm{all}}^{\mathrm{report}} = \begin{bmatrix} \phi_{1,1}^{t1} & \phi_{1,1}^{t2} & \phi_{1,1}^{t3} & \cdots & \phi_{1,1}^{tw} \\ \phi_{1,2}^{t1} & \phi_{1,2}^{t2} & \phi_{1,2}^{t3} & \cdots & \phi_{1,2}^{tw} \\ \vdots & \vdots & \vdots & & \vdots \\ \phi_{1,n}^{t1} & \phi_{1,n}^{t2} & \phi_{1,n}^{t3} & \cdots & \phi_{1,n}^{tw} \\ \phi_{2,1}^{t1} & \phi_{2,1}^{t2} & \phi_{2,1}^{t3} & \cdots & \phi_{2,1}^{tw} \\ \vdots & \vdots & \vdots & & \vdots \\ \phi_{m,n}^{t1} & \phi_{m,n}^{t2} & \phi_{m,n}^{t3} & \cdots & \phi_{m,n}^{tw} \end{bmatrix} \tag{4-15}$$

定义 4-8　实体 c_i 与实体 p_j 多次交互的综合信任评价：$\phi_{i,j}^{(t)}$ 表示实体 c_i 对实体 p_j 在 t 时刻交互后得到的可信度，那么实体 c_i 对实体 p_j 一系列交互后服务代理计算得到的综合评价信任度为

$$C_{ij}=C(c_i,p_j,s,t)=\begin{cases}\sum\limits_{k=1}^{w}\phi_{ij}^{(k)}\cdot\hbar(k)\Big/w, & w\neq 0\\ 0, & w=0\end{cases}\tag{4-16}$$

定义 4-7 中的 $\phi_{i,j}^{(t)}$ 表示实体 c_i 与实体 p_j 在 t 时刻交互时所得到的可信度，同样在计算 $C(c_i,p_j,s,t)$ 需要将 $\phi_{i,j}^{(t)}$ 按照交互的时间顺序排列，可计算得到综合的信任评价值，这与定义 4-6 的计算类似。经过上面的信任评价方法，对于任意两个交互的服务实体，都可以得到一个信任的评价值 C_{ij}。实际是将 $\phi_{\mathrm{all}}^{\mathrm{report}}$ 的一行记录依据式 (4-15) 的计算方法转换成 $C_{\mathrm{all}}^{\mathrm{report}}$ 中的一个元素，如在 $\phi_{\mathrm{all}}^{\mathrm{report}}$ 中的一行：$\phi_{i,j}^{t1}\quad\phi_{i,j}^{t2}\quad\phi_{i,j}^{t3}\quad\ldots\quad\phi_{i,j}^{tw}$，转换成 $C_{\mathrm{all}}^{\mathrm{report}}$ 中的一个元素为 $C_{i,j}$。这样，得到的对 SP 实体的综合信任度矩阵如式 (4-17) 所示 (注：如果 SC 实体 i 与 SP 实体 j 从未有过交互作用，则默认的 $C_{i,j}$ 的取值就是空 (null)，以下同)。

$$C_{\mathrm{all}}^{\mathrm{report}}=\begin{bmatrix}C_{1,1} & C_{1,2} & C_{1,3} & \cdots & C_{1,n}\\ C_{2,1} & C_{2,2} & C_{2,3} & \cdots & C_{2,n}\\ \vdots & \vdots & \vdots & & \vdots\\ C_{m,1} & C_{m,2} & C_{m,3} & \cdots & C_{m,n}\end{bmatrix}\tag{4-17}$$

$C_{\mathrm{all}}^{\mathrm{report}}$ 同样不能保证是真实的，它的实际意义只是以服务实体自己所宣称的服务质量为标准，然后考察其他实体对宣称的服务质量的评价。例如，C_{ij} 的值表示实体 c_i 与实体 p_j 交互后向服务代理反馈的对 p_j 的信任度的评价，C_{ij} 为正时，表示 c_i 认为 p_j 的实际服务质量比它所宣称的服务质量要大，正的越多表示 c_i 实际得到的服务质量比 p_j 宣称的服务质量大得越多，表示越可信。相反，C_{ij} 为负时，表示 c_i 实际得到的服务质量比 p_j 宣称的服务质量要小，不可信。值得注意的是：由于服务代理只是记录服务组合实体参与方自身的服务质量宣称与信息反馈，系统不能确定实体的宣称与反馈信息的真实性，因而不能保证信任矩阵的真实性。但是它记录了服务实体各方原始的交换行为，以及交互行为的主观倾向，因此可为本章下面的基于信任的服务组合提供基础。

4.3　实体自身的信任模型与信任演算

4.3.1　实体的服务质量评价

前面论述的是公共系统的服务质量评价与演化系统，但公共系统中的服务质

量评价与信任评价并不能保证是可信的。与人类社会交往情况类似，实体认为自己直接交互所获取的服务质量与信任评价是可信的，因而将这些与自己直接交互的实体集合 V 作为评价的标准或者称作“桩”，看其他实体对实体集合 V 的评价是否与自己一致，如果一致则认为此实体做出的评价是可信的，否则认为评价是不可信的。然后可依此进一步向前递推，从而进一步丰富的系统的信任关系。

定义 4-9　SC 实体 $c_i(c_i \in C)$ 与 SP 实体 $p_j(p_j \in P)$ 交互时，实体 c_i 得到 p_j 的实际服务质量指标表示为

$$\Im(c_i, p_j, s, t) = \Im_{i,j}^{\text{direct},t} = \begin{bmatrix} \Im_{i,j}^{1,t} & \Im_{i,j}^{2,t} & \Im_{i,j}^{3,t} & \cdots & \Im_{i,j}^{u,t} \end{bmatrix} \tag{4-18}$$

其中 s 是 c_i 与 p_j 交互时服务协商得到的服务质量，t 是交互时间戳。

定义 4-10　同样，实体 c_i 对所有与其交互过的实体 SP 的评价进行存储，形成记录的集合，对于每一对 SC 实体 c_i 和 SP 实体 p_j 只保存离当前时间最近的 w 条记录，这样实体 c_i 要存储的记录个数最多为 $w \times n$。

$$\Im_i^{\text{direct}} = \begin{bmatrix} \Im_{i,1}^{1,t1} & \Im_{i,1}^{2,t1} & \Im_{i,1}^{3,t1} & \cdots & \Im_{i,1}^{u,t1} \\ \Im_{i,1}^{1,t2} & \Im_{i,1}^{2,t2} & \Im_{i,1}^{3,t2} & \cdots & \Im_{i,1}^{u,t2} \\ \vdots & \vdots & \vdots & & \vdots \\ \Im_{i,1}^{1,tw} & \Im_{i,1}^{2,tw} & \Im_{i,1}^{3,tw} & \cdots & \Im_{i,1}^{u,tw} \\ \Im_{i,2}^{1,t1} & \Im_{i,2}^{2,t1} & \Im_{i,2}^{3,t1} & \cdots & \Im_{i,2}^{u,t1} \\ \vdots & \vdots & \vdots & & \vdots \\ \Im_{i,n}^{1,tw} & \Im_{i,n}^{2,tw} & \Im_{i,n}^{3,tw} & \cdots & \Im_{i,n}^{u,tw} \end{bmatrix} \tag{4-19}$$

定义 4-11　用 $\Im_{ij}^{(t)}$ 表示 SC 实体 c_i 与 SP 实体 p_j 在一次交互过程中得到的归一化服务质量评价。

$$\Im_{ij}^{(t)} = \sum_{k=1}^{u} \varpi_k \Im_{i,j}^{k,t} \tag{4-20}$$

定义 4-12　SC 实体 c_i 与 SP 实体 p_j 多次交互后，实体 c_i 在与实体 p_j 最近的 w 次交互中的得到的服务质量为

$$\{\Im_{ij}^{(1)}, \Im_{ij}^{(2)}, \cdots, \Im_{ij}^{(w)}\}$$

经过上面的服务质量评价方法，对于任意实体 c_i 与实体 p_j 交互的服务实体，都可以得到一个实体 c_i 对实体 p_j 的直接服务质量评价值 $\Im_{ij}$，实体 c_i 将所有交互过程中得到的直接服务质量评价结果存在服务质量的评价向量中，如式 (4-21) 所示：

$$\Im_{\text{normal}}^{\text{direct}} = [\Im_{1,1} \quad \Im_{1,2} \quad \Im_{1,3} \quad \cdots \quad \Im_{1,n}] \tag{4-21}$$

值得注意的是，$\Im_{\text{normal}}^{\text{direct}}$ 是服务实体 c_i 与其他实体进行直接交互后得到真实服务质量值，对 c_i 来说这是真实可信的。很显然每个实体在与其他实体交互过程中形成自己的 $\Im_i^{\text{direct}}$ 矩阵，依据 $\Im_i^{\text{direct}}$ 矩阵就可以计算得到服务质量的评价向量 $\Im_{\text{normal}}^{\text{direct}}$。显然，此服务质量的评价对 c_i 来说是自己直接获得的，是可信的。

4.3.2 实体的信任评价

1. SP 实体的直接信任评价

同样依据实体 c_i 所记录的服务交互情况，可以依据信任演化的一般计算准则推导出服务实体 c_i 对其他实体的信任演化关系。

因为 SP 实体 p_j 自己对外宣称的服务质量向量为

$$Q_i^{\text{self}} = \begin{bmatrix} Q_{i,1}^{\circ} & Q_{i,2}^{\circ} & Q_{i,3}^{\circ} & \cdots & Q_{i,u}^{\circ} \end{bmatrix}$$

而实体 c_i 与实体 p_j 进行一次交互后得到的服务质量为

$$\Im_{i,j}^{\text{direct},t} = \begin{bmatrix} \Im_{i,j}^{1,t} & \Im_{i,j}^{2,t} & \Im_{i,j}^{3,t} & \cdots & \Im_{i,j}^{u,t} \end{bmatrix}$$

则 SC 实体可根据得到的服务质量与 SP 实体所宣称的服务质量之间的差异来表示可信度。在交互中表现出来的服务质量如果与其宣称的服务质量一致，则表示服务实体宣称的服务质量是可信的，认为这个实体是可信实体，反之认为其可信度较低。

定义 4-13 实体 c_i 与实体 p_j 一次直接交互的差异度：设 $\upsilon(c_i, p_j, s, t)$ 表示实体 c_i 对实体 p_j 一次交互的差异度。令

$$\upsilon_{ij}^{(t)} = \upsilon(c_i, p_j, s, t) = \sum_{k=1}^{u} \varpi_m (\Im_{i,j}^{k,t} - Q_{j,k}^{\circ}) \tag{4-22}$$

同样，$\upsilon_{ij}^{(t)}$ 与 4.2 节论述的 $\tau_{ij}^{(t)}$ 的含义是类似的，只不过 $\tau_{ij}^{(t)}$ 是依据服务实体自己向服务代理 (UDDI) 报告形成的结果，是公共系统的可信度，并不能保证是真实可信的。而 $\upsilon_{ij}^{(t)}$ 是实体 c_i 直接交互得到的直接信任，对实体 c_i 来说它认为自己直接获得的知识是可信的，而其他实体并不知道实体 c_i 的 $\upsilon_{ij}^{(t)}$，除非实体 c_i 向其他节点进行信任推荐。

同样，计算得到差异度的比例为

$$\varDelta_{ij}^{(t)} = \upsilon_{i,j}^{(t)} \Big/ \sum_{k=1}^{u} \varpi_m Q_{j,k}^{\circ} \tag{4-23}$$

根据 SC 实体 c_i 得到的服务与实体 p_j 所宣称的服务质量的差异大小来决定实体 c_i 对实体 p_j 的信任度。

$$\varphi_{i,j}^{(t)} = 1 + \Delta_{i,j}^{(t)} \% \partial \tag{4-24}$$

有了 4.3.2 节的原始服务交互过程的记录，依据上述原则，结合 $\Im_i^{\text{direct}}$ 和 $Q_{\text{all}}^{\text{report}}$ 矩阵可以很容易的如下信任矩阵 $\varphi_i^{\text{direct}}$。

$$\varphi_i^{\text{direct}} = \begin{bmatrix} \varphi_{i,1}^{t1} & \varphi_{i,1}^{t2} & \varphi_{i,1}^{t3} & \cdots & \varphi_{i,1}^{tw} \\ \varphi_{i,2}^{t1} & \varphi_{i,2}^{t2} & \varphi_{i,2}^{t3} & \cdots & \varphi_{i,2}^{tw} \\ \vdots & \vdots & \vdots & & \vdots \\ \varphi_{i,n}^{t1} & \varphi_{i,n}^{t2} & \varphi_{i,n}^{t3} & \cdots & \varphi_{i,n}^{tw} \end{bmatrix} \tag{4-25}$$

上面的矩阵实际上是把 $Q_{\text{all}}^{\text{report}}$ 矩阵的一行记录结合 $\Im_i^{\text{direct}}$ 矩阵的一行记录依据式 (4-22)~(4-24) 转换成 $\varphi_i^{\text{direct}}$ 中的一个元素，例如，在 $Q_{\text{all}}^{\text{report}}$ 中的一行：$Q_{i,j}^{1,tk} \quad Q_{i,j}^{2,t1} \quad Q_{i,j}^{3,tk} \quad \cdots \quad Q_{i,j}^{u,tk}$，结合 $\Im_i^{\text{direct}}$ 矩阵中的 $\left[\Im_{i,j}^{1,tk} \quad \Im_{i,j}^{2,tk} \quad \Im_{i,j}^{3,tk} \quad \cdots \quad \Im_{i,j}^{u,tk}\right]$ 据式 (4-22)~(4-24) 换成 $\varphi_i^{\text{direct}}$ 中的一个元素为 $\varphi_{i,j}^{tk}$。

定义 4-14　实体 c_i 与实体 p_j 多次交互的可信度评价：$\varphi_{i,j}^{(t)}$ 表示实体 c_i 对实体 p_j 在 t 时刻交互后得到的可信度，那么实体 c_i 对实体 p_j 一系列交互后得到的综合评价信任度为

$$A_{ij} = A(c_i, p_j, s, t) = \begin{cases} \sum\limits_{k=1}^{w} \varphi_{ij}^{(k)} \cdot \hbar(k) \Big/ w, & w \neq 0 \\ 0, & w = 0 \end{cases} \tag{4-26}$$

同样在计算 $A(c_i, p_j, s, t)$ 需要将 $\varphi_{i,j}^{(t)}$ 按照交互的时间顺序排列，这与定义 (4-6) 的计算类似。

经过上面的信任评价方法，对于任意两个交互的服务实体，都可以得到一个信任的评价值 A_{ij}，服务代理将所有交互过程中得到的服务信任评价结果存在信任评价矩阵中。依据 $\varphi_i^{\text{direct}}$ 运用公式 (4-26) 可以得到实体 c_i 对其他所有实体的综合信任度矩阵。

$$A_i^{\text{direct}} = [A_{i,1} \quad A_{i,2} \quad A_{i,3} \quad \cdots \quad A_{i,n}] \tag{4-27}$$

同样 A_{ij} 表示实体 c_i 对实体 p_j 的可信度的评价，当 A_{ij} 为正时，表示 c_i 认为 p_j 的实际服务质量比它所宣称的服务质量要大，正的越多表示实际服务质量比宣称的服务质量大得越多，表示越可信。相反，A_{ij} 为负时，表示 c_i 认为 p_j 的实际服务质量比它所宣称的服务质量要小，不可信，负得越多，越不可信。与公共系统不同的是，这是实体 c_i 的直接交互行为的评价，这个评价对 c_i 来说是可信的。

2. SC 实体的信任评价与演化

在 4.3.1 节实体 c_i 在与其他 SP 实体集合 V 交互的过程中得到了对集合 V 中 SP 实体的服务质量与信任矩阵，那么现在实体 c_i 就可以将对 SP 的服务质量与信任的评价作为“桩”来评价与推导与集合 V 交互过的 SC 实体的信任关系。

设与实体 c_i 直接交互的服务提供者 SP 实体的集合为 $[p_1 \quad p_2 \quad p_3 \quad \cdots \quad p_v]$。SC 实体 c_i 对这些实体的直接信任评价为

$$[A_{i,1} \quad A_{i,2} \quad A_{i,3} \quad \cdots \quad A_{i,v}]$$

在服务代理中，按前面的公共信任系统中，可以得到每个 SC 实体对所有 SP 集合 V 的信任评价。

$$C_v^{\text{report}} = \begin{bmatrix} C_{1,1} & C_{1,2} & C_{1,3} & \cdots & C_{1,v} \\ C_{2,1} & C_{2,2} & C_{2,3} & \cdots & C_{2,v} \\ \vdots & \vdots & \vdots & & \vdots \\ C_{m,1} & C_{m,2} & C_{m,3} & \cdots & C_{m,v} \end{bmatrix} \tag{4-28}$$

那么矩阵 C_v^{report} 中的第 j 行就表示了所有 SC 实体对实体 p_j 的评价

$$C_{\text{all},j}^{\text{report}} = \begin{bmatrix} C_{1,j} \\ C_{2,j} \\ \vdots \\ C_{m,j} \end{bmatrix} \tag{4-29}$$

设 SC 实体 c_i 对实体 p_j 的直接信任判断为 $A_{i,j}$，这时，以 $A_{i,j}$ 为判断的标准来检验其他 SC 实体的可信度。

定义 4-15 实体 c_i 与实体 c_k 对实体 p_j 的信任判断的差异度: 用 $\nabla(c_i, c_k, p_j, s)$ 表示。令

$$\nabla_{ik}^j = \nabla(c_i, c_k, p_j) = |A_{i,j} - C_{k,j}| \tag{4-30}$$

显然，∇_{ik}^j 值接近 0 时，表示如果实体 c_k 对实体 p_j 的信任判断是与实体 c_i 直接与实体 p_j 交互得到的信任值是相同的，可认为实体 c_k 给出的判断是真实的，认为实体 c_k 的可信度最高，设为信任度最高值 Z。如果 $\nabla_{ik}^j > 0$ 表示实体 c_k 给出的信任值偏低，如果 $\nabla_{ik}^j < 0$ 表示实体 c_k 给出的信任值偏高。这样有下式

$$\gamma_{k,i}^j = \nabla_{ik}^j \% \beta \tag{4-31}$$

依据上述计算公式，实体 c_i 形成的对 SC 实体的评价矩阵为

$$\gamma_{\text{all}}^i = \begin{bmatrix} \gamma_{1,i}^1 & \gamma_{1,i}^2 & \gamma_{1,i}^3 & \cdots & \gamma_{1,i}^n \\ \gamma_{2,i}^1 & \gamma_{2,i}^2 & \gamma_{2,i}^3 & \cdots & \gamma_{2,i}^n \\ \vdots & \vdots & \vdots & & \vdots \\ \gamma_{m,i}^1 & \gamma_{m,i}^2 & \gamma_{m,i}^3 & \cdots & \gamma_{m,i}^n \end{bmatrix} \tag{4-32}$$

γ_{all}^i 矩阵的第 j 行表示了实体 c_i 根据 SC 实体 c_j 对所有 SP 实体 p_j 的评价而做出的信任评价，对矩阵的第 j 行进行综合化为实体 c_i 对 SC 实体 c_j 的综合评价。计算公式为

$$\gamma_j^i = \sum_{k=1}^{n} \gamma_{j,i}^k \Big/ n \tag{4-33}$$

经过上述计算可以得到 SC 实体 c_i 对其他所有 SC 实体的综合信任评价向量为

$$\xi_{\text{integrate}}^i = \begin{bmatrix} \gamma_1^i & \gamma_2^i & \gamma_3^i & \cdots & \gamma_n^i \end{bmatrix} \tag{4-34}$$

经过上面两节的计算，就可以得到实体 c_i 对与其直接交互过的 SP 实体集合 V 的服务质量与信任度的评价，也可以得到与 SP 实体集合 V 有过交互行为 SC 实体的信任度的评价 (SC 实体没有服务质量评价)。下面，基于将以上信任推理机制并进行扩展，使得实体 c_i 能够推理得到远方实体 p_j 的服务质量与信任度的评价，从而提高服务组合的质量。

4.4 基于集合演算逐步推理的信任演化

4.4.1 传统信任推理方法分析

对于从提供相同功能服务某一类 SP 的集合：$v = \{\text{SP}_1, \text{SP}_2, \text{SP}_3, \cdots, \text{SP}_s\}$ 中选择服务质量比较好的服务 SP。以往的信任演化系统中采用的策略是：从自己出发对集合 v 进行信任与服务质量评价的推理，然后，选择推理中综合评价最高的 SP 实体。显然，要得到服务质量最高的服务组合，必须获知集合 v 中所有节点的综合评价，但这种传统的信任推理方式，实际只是选择了自己的推理系统能够推理得到的最好服务质量的实体，没有考虑能否得到对集合 v 所有实体的评价，故难以保证是目前系统中最好的服务组合。

实际上，对于集合 v 中的任意 SP 实体 p_j 与实体 c_i 的关系有如下三种。

(1) 所有实体都难以准确确定 p_j 的服务质量与可信度。指集合 v 中的实体 p_j 从未与外界交互的实体。所以，在公共系统中只有 p_j 自己所宣称的服务质量没有其他实体对 p_j 的服务质量与信任值的评价。

(2) 有实体与 p_j 交互过，但实体 c_i 中没有直接与 p_j 交互过，故实体 c_i 中没有直接关于 p_j 的服务质量与信任评价。但公共系统中有其他实体对 p_j 服务质量与信任值的评价。

(3) 实体 c_i 与其交互过，有 p_j 的服务质量与信任值评价。

显然，在第 (1) 种情况中不管采用何种策略都无法准确获得对 SP 实体的服务质量与信任度的评价；第 (3) 种情况实体 c_i 能够直接获得对 SP 实体的服务质量与信任度的评价。而在第 (2) 种情况中，采用传统的信任推荐方式有可能得到对 SP 实体的服务质量与信任度的评价，但传统的信任推荐方式还存在如下的问题。

(1) 传统的信任推荐计算方式得到的结论存在不一致的情况。

传统的信任推理一般采用如图 4-1 所示的推理系统，在图 4-1 中服务实体 A 与 D 没有直接的信任关系，但是实体 C 与 D，实体 B 与实体 C，实体 B 与实体 A 有直接信任关系，依据传统的信任传递关系理论 [19]，信任信息从 D 到 C，再从 C 到 B，最后从 B 到 A。"A←B←C←D" 构成了一条信任链。

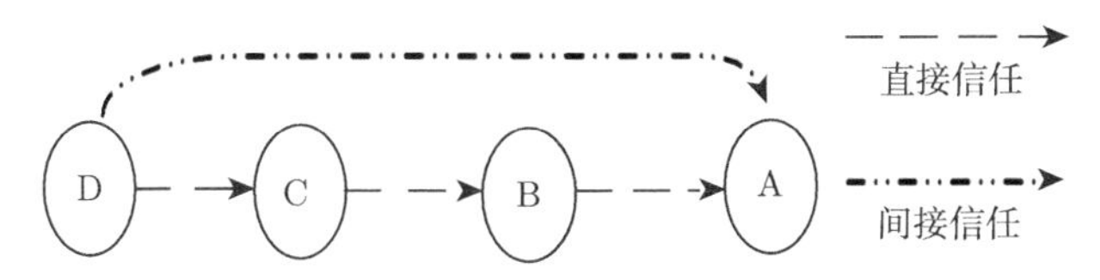

图 4-1 传统间接信任关系的传递计算

实体 A 对实体 D 的间接信任计算如式 (4-35) 所示。

$$C_{\text{indirect}}^{\text{A-B-C-D}} = \lambda_1 C_{\text{A,B}}^{d} \times \lambda_2 C_{\text{B,C}}^{d} \times \lambda_3 C_{\text{C,D}}^{d} \tag{4-35}$$

其中，$C_{\text{A,B}}^{d}$ 表示实体 A 与 B 之间的直接信任关系，λ_i 是与信任路径深度相关的参数。从式 (4-35) 中可以看出，推荐的信任由于传递的层次增多，则可信度越低。因此，系统一般限定信任传递的层次最多为 k 次，只计算传递深度小于 k 次的间接信任关系。

但依据传统的推理系统的结论有可能存在不一致的情况，其原因如下。

前面的推理系统虽然对不可信实体赋予较低的信任度，但采用这种路径信任值相乘的方法来进行信任的推理，实际上是采用了不可信实体推荐过来的信任值，也就是认为不可信实体的推荐信任值是可信的。存在的问题就是：推荐者本身都是不可信的，却采用它推荐过来的高推荐值，即认为它推荐的信任值是真实的，这就会存在问题。

例如，在上面子 D→C→B→A 的路径 Path_1 中，设 B 的可信度是 0.2(不可信)，而 B 推荐 C 非常可信，可信度为 1，C 也推荐 D 非常可信，可信度为 1，整个路径的推荐信任值为 0.2。相反有另外一条信任路径 Path_2，路径中的推荐信任值分别为 0.6、0.6、0.55，总的路径的推荐信任值为 0.198。依据传统的推荐信任关系，应该选择推荐信任度大的实体，即选择推荐信任度是 0.2 的路径。但实际中，推荐信任度是 0.2 的 Path_1 路径不一定比推荐信任度是 0.198 的 Path_2 路径要好。原因是：在 Path_1 中 B 的可信度非常低，没有理由采信 B 对 C 的信任值，C 对 D 的信任值都为 1，也就是说，只要在推荐信任路径中存在不可信的实体，由于其不可信，因此导致其后的推荐信任链就不可信了，因而得到的推荐信任也是不可信的。在 Path_2 中，虽然推荐信任值都不是很高 (0.6,0.6,0.55)，但推荐路径中的实体都基本可信 (> 0.5)，依据现实交互的经验，应该选取 Path_2 路径推荐的实体。这说明传统的信任推荐策略得到的结论会得到不一致的情况。

显然由于不可信的实体出发得到的路径并不可信，这些不可信的实体实际上就相当于信息论中的噪声。因此，最好的方法是过滤掉这些噪声，而让推荐信任在可信实体中进行，因而得到可信的服务组合。

(2) 在现实生活中，人们去某个目的地，在目的地不是很清楚的情况下，采用的方法是每到达一个地方后，再参考离目标更近位置的信息来修正目标的方向与路径，从而顺利到达目标。

可见，为获得某个实体的可信度，一般是逐步深入的，它会首先依据自身周围可信的实体向前推进到某一位置后，然后查询此位置周围可信的节点，一步步地逼近目的节点，而不是像传统推荐信任那样，一步到位的计算整个的信任值。

(3) 在传统的信任推理系统中，要得到对集合 υ 所有实体的信任值，存在的推荐路径非常多，多条路径之间得到的结论也一致，导致综合多条路径得到的信任度可解释性不强，意义也不明确，计算也较为复杂。

基于前面的分析，我们提出了一种较为简单的基于集合信任推理，逐步逼近目标值的方法来改进信任的计算。下面先给出其推理方法与规则。

4.4.2 信任推理方法与规则

问题的描述与 4.4.1 节相同：即对于 SC 实体 SC_i 进行服务组合时，对于某一类提供相同功能服务 SP 的集合：$\upsilon = \{\mathrm{SP}_1, \mathrm{SP}_2, \mathrm{SP}_3, \cdots, \mathrm{SP}_s\}$，如何从中选择服务质量比较好的服务 SP。对于 SC_i 需尽可能准确的判定集合 υ 中每一个 SP 实体的服务质量与信任度，才能让服务组合算法从集合 υ 中选取服务质量高的实体 SP_j。因此，问题的实质转化为：如何全面、准确地确定 SP 集合 υ 中每一个实体的服务质量与信任度。下面给出信任推理的方法与规则，推理的方法分为如下集合实体的扩展与推理，实体部的服务质量与信任度评价两个过程。

一、与 SC 实体 SC_i 和 SP 集合实体 υ 都直接或者间接交互实体的 SC 集合的 Λ 确定。

要推导出 SC_i 对 SP 集合 υ 的信任与服务质量评价，首先要得到系统中与 SC_i

和集合 v 直接或者间接交互集合 Λ，然后依据集合 Λ 与 SC_i 和集合 v 交互的情况来推理出集合 v 的服务质量与信任度评价。集合 Λ 的推导过程如图 4-2 所示，图 4-2 的最左下表示的是服务消费者 SC_i，最右上是能够提供相同功能的 SP 实体 v 的集合，集合 Λ 的推导主要有如下两个阶段。

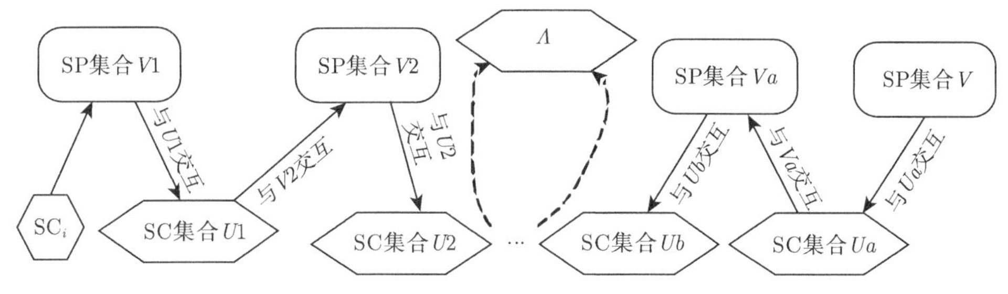

图 4-2 信任实体的扩展图

(1) 正向阶段的推理：从 SC_i 开始依据前面的论述得到对与其交互过的 SP 实体 $V1$ 的集合，依据集合 $V1$ 得到与之交互的 SC 集合 $U1$。同样依此下去，可以推导出 SP 集合 $V2$，SC 集合 $U2$ 等。

(2) 反向阶段的推理：从 SP 实体集合 v 开始，寻找所有与集合 v 交互过的 SC 集合，形成 SC 集合 Ua，再依据 SC 集合 Ua 推导出与 Ua 交互过的 SP 实体集合 Va，依据 Va 推导出 SC 集合 Ub，如此过程向左扩展。

设反向推理得到的集合为 Uz，正向推理得到的 SC 集合为 U_k。它们的交集 $\Lambda = Uz \cap U_k$。

集合 Λ 的推理过程为每正向推理一次后，再反向推理一次，推理终止的条件是：直到交集的集合 Λ 足够大，或者推理的深度超过设定的阈值为止。

二、对集合 v 的服务质量与信任关系的推理计算。信任关系的推理就是从 SC 实体 SC_i 出发，推导出 SC_i 对集合 v 信任关系与服务质量的评价。

信任的推理，必须遵守下面的规则 4-1。

规则 4-1 由于不可信实体的评价值对于正确推导与评价实体起不到作用，因此，在下面的信任推理过程上不可信实体不参与信任的推理，相当于去掉了信任推理中的噪声。

不可信实体在不同的系统的定义不相同。可以认为其信任度低于某一阈值时，就不让此实体参与信任的推理。而阈值的选择可根据网络的情况自适应的调整，对其取值不在本章的讨论范围。

首先，SC_i 计算出与自己直接交互的 SP 实体集合 $V1$ 的信任值 (图 4-3)，计算公式见 4.3.1 节的论述，设得到的信任值为

$$A_i^{\text{direct}} = [A_{i,1} \quad A_{i,2} \quad A_{i,3} \quad \cdots \quad A_{i,v1}] \tag{4-36}$$

依据 4.3.2 节的论述可以计算得到 SC_i 实体对集合 $U1$ 的信任值为

$$\xi^i_{\text{integrate}} = \begin{bmatrix}\gamma^i_1 & \gamma^i_2 & \gamma^i_3 & \cdots & \gamma^i_{u1}\end{bmatrix} \tag{4-37}$$

实际上，对集合 $V1$ 与集合 $U1$ 信任关系的推导过程已经在 4.3.2 节论述了，得到的是 SC_i 对这 2 个集合的直接信任关系，这是评价其他实体信任度的 “桩”。现在的关键是如何继续向前推理直到推到集合 v。

首先论述对集合 $V2$ 的推理过程，实际上集合 $V1$ 是集合 $V2$ 的子集。那么对于集合 $V2$ 中属于 $V1$ 集合的实体就不用推理的，因为直接信任关系比间接信任关系更为可信，那么现只要推导集合 $V12 = V2 - V1$(差集) 的信任值与服务质量的评价。

设集合 $U1$ 中对 $V12$ 集合中的实体 SP_j 有过交互作用的 SC 实体集合为 Ux，对于 Ux 中任意 SC 实体 $\mathrm{SC_a}$，用 γ^i_{a} 表示实体 SC_i 对实体 $\mathrm{SC_a}$ 信任值的评价。而 γ^i_{a} 的定义为

$$\gamma^i_{\mathrm{a}} = \nabla^j_{i\mathrm{a}}\%\beta = \frac{\sum\limits_{s=1}^{s\in v1}|A_{i,s} - C_{a,s}|}{v_n}\%\beta$$

实际上表示了实体 SC_i 认为 $\mathrm{SC_a}$ 对 $V1$ 集合的评价与自己对 $V1$ 评价的差异值。依据前面的定义，$A_{i,s}$ 与 $C_{\mathrm{a},s}$ 的计算是

$$A_{i,s} = 1 + \frac{Q^{\text{real}}_s - Q^{\text{declare}}_s}{Q^{\text{declare}}_s}, \quad C_{\mathrm{a},s} = 1 + \frac{Q^{\text{get}}_{\mathrm{a}} - Q^{\text{declare}}_s}{Q^{\text{declare}}_s}$$

其中 Q^{real}_s 是 SC_i 得到的实体 S 服务质量的值，由于现在是考察 SC_i 对其他实体的服务质量评价，因此 SC_i 自己直接得到的值为实体 S 的真实的值。而 $Q^{\text{real}}_{\mathrm{a}}$ 为实体 $\mathrm{SC_a}$ 得到的实体 S 的服务质量的值 (在公共系统中得到)。Q^{declare}_s 为实体 S 自己宣称的服务质量，则有下式：

$$A_{i,s} - C_{\mathrm{a},s} = \frac{Q^{\text{real}}_s - Q^{\text{get}}_{\mathrm{a}}}{Q^{\text{declare}}_s} \tag{4-38}$$

$$\Rightarrow Q^{\text{real}}_s = Q^{\text{declare}}_s(A_{i,s} - C_{\mathrm{a},s}) + Q^{\text{get}}_{\mathrm{a}} \tag{4-39}$$

可见要得到实体 S 的真实服务质量可以用上式来计算。同样现在实体 $\mathrm{SC_a}$ 对 $V12$ 集合中的实体 SP_j 有过交互，因此可以用下式来计算实体 SP_j 的值。

$$Q^{\text{real}}_{\mathrm{a},j} = Q^{\text{get}}_{\mathrm{a}} + Q^{\text{declare}}_j(A_{i,j} - C_{\mathrm{a},j}) \tag{4-40}$$

式 (4-40) 表示的意义是：SP_j 的服务质量 $Q^{\text{real}}_{\mathrm{a},j}$ 可以通过 $\mathrm{SC_a}$ 得到的服务质量，再加上偏差值 $Q^{\text{declare}}_j(A_{i,j} - C_{\mathrm{a},j})$ 来表示。这样，对所有对 SP_j 实体进行了评价的 SC 实体都进行如上的服务质量评价，这样可得到如下对 SP_j 的评价向量：

$$\Re_j = \begin{bmatrix}Q^{\text{real}}_{1,j} & Q^{\text{real}}_{2,j} & Q^{\text{real}}_{3,j} & \cdots & Q^{\text{real}}_{w,j}\end{bmatrix} \tag{4-41}$$

然后对依据加权平均得到 SC_i 对 SP_j 实体的服务质量的评价值。

$$Q_j^{\mathrm{real}} = \sum_{k=1}^{w} A_{i,k} Q_{k,j}^{\mathrm{real}} \Bigg/ \sum_{k=1}^{w} A_{i,k} \tag{4-42}$$

经过如上的计算这样就能够得到全部的对 $V2$ 集合中实体的服务质量的评价计算。

然后，参考 $V2$ 集合在公共系统中宣称的服务质量，就能够得到 $V2$ 集合实体的信任度的评价。

$$A_i^{\mathrm{direct}} = [A_{i,1} \quad A_{i,2} \quad A_{i,3} \quad \cdots \quad A_{i,v1}] \tag{4-43}$$

如此，类似于依据 $V1$ 推导出 $U1$ 的信任评价，依据 $V2$ 能够推导出 $U2$ 的信任评价。重复上述过程，可推导到对最终 SP 集合 v 的评价。

4.4.3 基于信任推理与扩展的服务组合算法

在前面，我们详细地论述了提出的信任推理系统与信任演化计算方法。本节给出综合的服务组合信任演化算法与服务组合的形式化描述。

算法 4-1 公共系统模型的演化算法。

输入：服务组合组成的 3 部分，服务实体宣称的服务质量矩阵 $Q_{\mathrm{all}}^{\mathrm{self}}$ 以及交互过程，执行主体为服务代理 (UDDI)。

输出：服务实体服务质量评价矩阵 $Q_{\mathrm{normal}}^{\mathrm{report}}$、信任评价矩阵 $C_{\mathrm{all}}^{\mathrm{report}}$。

(1) 令 $t = 0$。

(2) 系统对每一次实体 c_i 与实体 p_j 交互后向其报告的 $Q_{i,j}^{\mathrm{report},t}$ 做如下动作：

{

(2.1) 置入交互记录的矩阵 $Q_{\mathrm{all}}^{\mathrm{report}}$；

(2.2) 用式 (4-8)，式 (4-9) 重新计算与实体 p_j 相关的 QoS 评价，更新 $Q_{\mathrm{normal}}^{\mathrm{report}}$ 矩阵中的 $Q_{i,j}$ 的值；

(2.3) 用式 (4-13)，式 (4-14) 计算实体 c_i 对实体 p_j 的信任值评价 $\phi_{i,j}^{(t)}$；

(2.4) 用上面计算得到的值 $\phi_{i,j}^{(t)}$ 更新信任矩阵 $\phi_{\mathrm{all}}^{\mathrm{report}}$ 中相应的值；

(2.5) 用式 (4-13) 计算更新信任评价矩阵 $C_{\mathrm{all}}^{\mathrm{report}}$ 中 $C_{i,j}$ 的值。

}

End

下面给出服务实体 SC_i 在交互过程中服务质量与信任值的计算方法。

算法 4-2 实体直接的服务质量与信任演化算法。

输入：服务实体交互过程。

输出：实体 SC_i 对其他所有直接交互服务实体的服务质量评价矩阵 $\Im_i^{\mathrm{direct}}$，归一化服务质量矩阵 $\Im_{\mathrm{normal}}^{\mathrm{direct}}$，对 SC 实体的信任评价矩阵 γ_{all}^i，综合信任评价向量 $\xi_{\mathrm{integrate}}^i$。

(1) 实体 SC_i 对 SP 实体的直接服务质量与信任度的评价。

对 SC_i 与 p_j 服务交互行为作如下动作:

{

(1.1) 依据此次交互得到的服务质量 $\Im_{i,j}^{\mathrm{direct},t}$ 更新直接交互的服务质量矩阵 $\Im_i^{\mathrm{direct}}$;

(1.2) 用式 (4-20) 计算 SC_i 对所有 SP 的直接 QoS 评价 $\Im_{\mathrm{normal}}^{\mathrm{direct}}$;

(1.3) 用式 (4-22) 计算实体 p_j 的实际服务质量与宣称服务质量的差异值 $\upsilon_{ij}^{(t)}$;

(1.4) 用式 (4-23) 计算 SC_i 对 p_j 服务质量差异度的评价 $\Delta_{ij}^{(t)}$;

(1.5) 用式 (4-24) 计算 SC_i 对实体 p_j 的信任评价 $\varphi_{i,j}^{(t)}$;

(1.6) 用上面的信任值更新详细信任矩阵 $\varphi_i^{\mathrm{direct}}$;

(1.7) 用式 (4-26) 计算 SC_i 与更新对所有 SP 实体的综合信任矩阵 A_i^{direct};

}

(2) 与 SC_i 直接交互的 SP 实体的集合为 υ，实体 SC_i 对与 υ 直接交互的 SC 实体的直接信任度的评价。

对于 SC 实体 c_k 与 SP 集合 υ 直接交互行为做如下:

{

(2.1) 用式 (4-30) 计算出 c_k 对 SP 实体的评价与 SC_i 评价的差异度: ∇_{ik}^{j};

(2.2) 用式 (4-31) 计算出 c_k 的信任值度: $\gamma_{k,i}^{j}$，并更新 SC_i 的信任矩阵 $\gamma_{\mathrm{all}}^{i}$;

(2.3) 用式 (4-33) 计算 SC_i 对其他 SC 的直接信任值度: $\xi_{\mathrm{integrate}}^{i}$;

}

End

下面给出 SC 实体 SC_i 进行对于某一类提供相同功能服务 SP 的集合: $\upsilon = \{\mathrm{SP}_1, \mathrm{SP}_2, \mathrm{SP}_3, \cdots, \mathrm{SP}_s\}$，如何判定集合 υ 的服务质量与信任度的算法。

算法 4-3 信任推理与扩展算法 (参见信任推理图 4-2)。

输入: 服务交互过程。

输出: 对集合 υ 的服务质量与信任评价矩阵。

(1) 依据 4.2 节的正向与反向推理过程确定类似于图 4-2 的信任推理集合图，以及集合 Λ;

(2) 依据算法 4-2 计算出对 SP 集合 $V1$ 和 SC 集合 $U1$ 的信任评价或者服务质量评价;

(3) 从集合 $U1$ 出发，依据式 (4-40)~(4-42) 推导出对集合 $V2$ 的服务质量的评价;

(4) 从集合 $U1$ 出发，类似于算法 4-2 推导出对集合 $V2$ 的信任值的评价;

(5) 重复第 (2)~(4) 步，直到推导出对集合 υ 的服务质量与信任评价矩阵。

End

在前面，依据本章的信任推理与服务质量推理方法，只要 SC_i 存在到达集合 υ 直接或者间接的交互作用，那么依据上述的论述，SC_i 一定可以得到对集合 υ 的信任与服务质量的评价，而对于集合 υ 从未与外界交互的实体，它的服务质量只能依据它在服务代理中宣称的服务质量，信任度的取值为系统的默认值。这样实体 SC_i 可得到对集合 υ 每个实体的服务质量与信任值的评价。由于本章主要论述如何获得对集合 υ 的服务质量与信任值的评价，基于以上分析提出一种服务组合选取策略。策略的思想是服务质量高低是与服务的可信度密切相关，是服务质量高低的关键因素。因此，在服务质量选择中判断最终服务质量计算公式为

$$Q_t = Q_j \times C_j \tag{4-44}$$

计算过程中，Q_j 和 C_j 分别是指实体 SC_i 对实体 p_j 的服务质量与信任值的评价。这样，各个服务的服务质量已经计算出来了，因此，服务组合就是选取服务质量高的服务来进行组合了，在这方面有不少的研究，本章的服务组合可以选取这些研究中的一种，由于篇幅的关系，在此不再详述。

4.5 模型分析与实验结果

4.5.1 模型分析

近些年已经有不少基于信任的 QoS 服务组合研究，本章与之相比有如下突出特点。

(1) 逐步逼近目标与短路径的效应。在本章系统中对信任关系的推理是采用集合推理的关系，从实体信任关系的推理可以看出，在计算信任推理中，计算的总是最短的路径：即先得到直接信任关系，没有直接信任关系时，才考虑间接信任推理。在每一次推理中同路径中又只参考信任度高的实体，所以，当信任路径向前推理时，越接近目标的实体给出的评价越准确，而本章策略对目标值的推理越依赖于接近目标的而且信任值高的实体，因此，达到了逐步逼近的效应。

(2) 本章从另一个角度能够有效地识别共谋欺骗。本章的策略以实体的直接交互评价为评价标准，将其他实体的评价以此为“桩”来进行评价，因而能够识别共谋欺骗，共谋欺骗次数越多，经过“桩”的检验后，其信任值越低。

(3) 本章的方法同样可以丰富信任关系，避免前期信任匮乏的现象。

4.5.2 实验参数设置

本章的服务实体，即 SC 实体与 SP 实体的产生情况与第 3 章相同。

在前面服务实体已经产生了，但服务组合是多个服务间的调用，共同完成的。因此，还必须产生一些服务组合的模块，以测试服务组合的成功率。鉴于目前没有相关服务组合的标准平台和标准测试数据集，本章采用随机生成的模拟服务作为测试用例。对于 SP 实体的服务质量维数设为 3，分别将它设置成整数，每个服务

的每维资源从 random(5, 15) 中选取，而服务之间组合关系的产生按预先确定的 100 种组合方案中随机产生 [97]，这 100 种组合方案产生的过程是这样的：我们实现了一个方案产生的模板程序，只要给出服务组合的最长路径，最短路径，最大分支数，整个组合图的服务个数，则模板就能产生一种组合图。

产生过程的实例如图 4-3 所示：先给出模板的参数：最长路径为 3，最短路径为 3，最大分支数为 2，整个组合图的服务个数 8，则模板自动产生如图 4-3 所示的服务组合图结构，有了此组合图则可以产生图中实际的 SP 服务实例，每产生一个服务实体，分配置给组合模板。按上面的服务组合产生方式，实验中能够提供相同服务功能的实体个数在 12~22 个 (指真实的 SP 实体)，这种服务组合方法也已经有些研究采用 [33]。

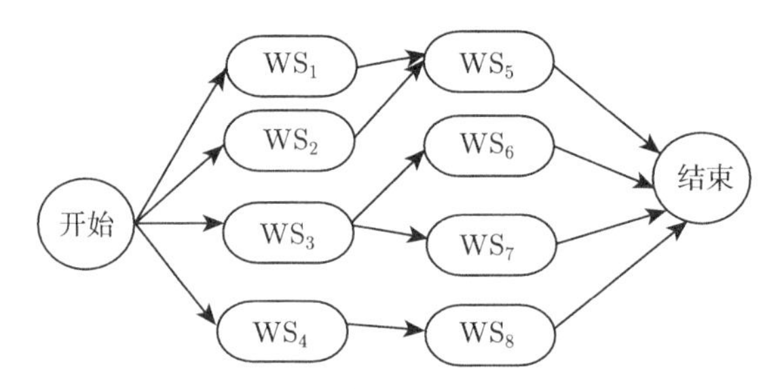

图 4-3 按参数产生的组合方案图

实验开始运行后，每个 SP 实体都向服务代理报告自己的服务质量，而 SC 实体向服务代理报告对 SP 实体的服务质量评价。然后，SC 实体不断地向 SP 实体发起服务组合的申请，选择 SP 实体的依据是本章的信任演化计算方法。每一次交互行为后，实验按 95%的概率向服务代理报告此次交互行为的情况 (主要是服务质量的评价)，同时依据本章提出的信任方法更新自己的信任信息。

4.5.3 基于信任推理与扩展的服务组合评测

评测内容主要针对本章提出的推理算法的以上特点来进行。

图 4-4 所示的是依据本章提出的信任演化方法，SC 实体不断地提出服务申请，当提出服务申请的个数达到 2950 个时，给出了在公共系统中 A 类 SC 的每一个实体对每一类 SP 实体的信任评价值 (信任评价分为 10 个等级，10 为最高信任值，−10 为最低信任值)。从图中可以看出：由于 A 类 SC 实体是真实的实体，所以它对每一类 SP 实体的信任度的报告都是真实的，对于 C 类实体由于它有时是真实的，有时是虚假的，因此不同的 SC 与之交互后给出了不同的评价。由于交互行为不足够多，因此，有些 SC 实体没有对 SP 实体的评价，在图中表示为线是断续的。由于真实的 SC 实体向服务代理反馈的是真实的情况，因此，A 类 SC 实体在公共系统中和自己的私有系统中的信息是相同的。这个实验说明真实的系统能

够正确反馈正确的信任值。

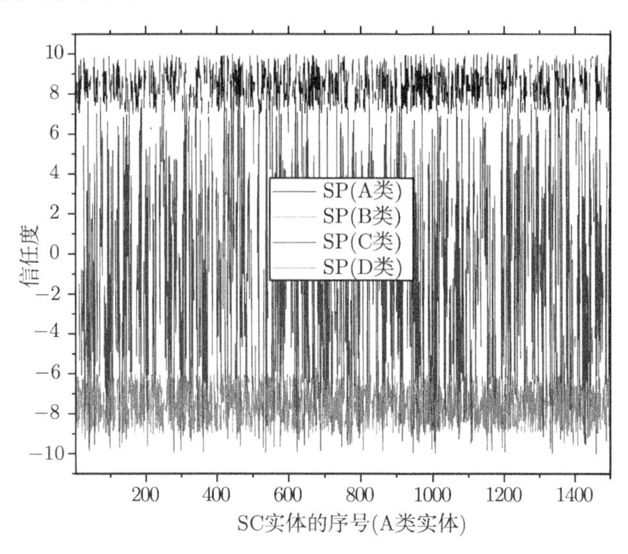

图 4-4 A 类 SC 实体对 SP 实体的信任评价

虽然 A 类 SC 实体正确反馈了实体的真实情况，但整个系统中还存在其他虚假的实体，因而在公共系统中，各类实体表现出来的平均信任值也不尽相同。图 4-5 分别给出了在 A 类和 B 类 SC 实体在公共系统中对 4 类 SP 实体的总体信任评价 (平均信任评价)。

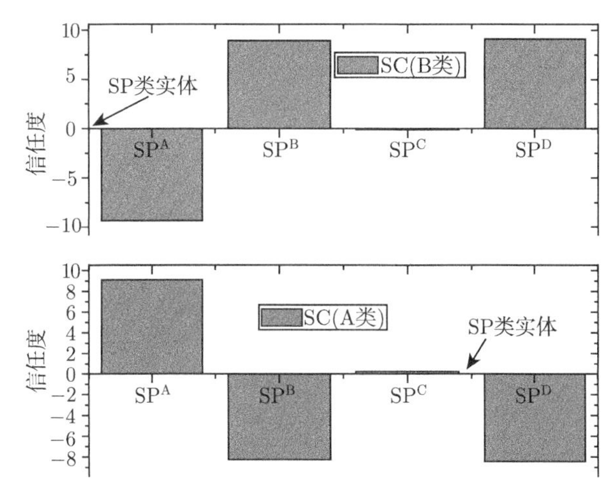

图 4-5 在公共系统中 A 类 B 类 SC 实体对 4 类 SP 实体的总体信任度评价

图 4-6 所示的是 C 类和 D 类 SC 实体在公共系统中对 4 类 SP 实体的总体信任评价 (平均信任评价)。

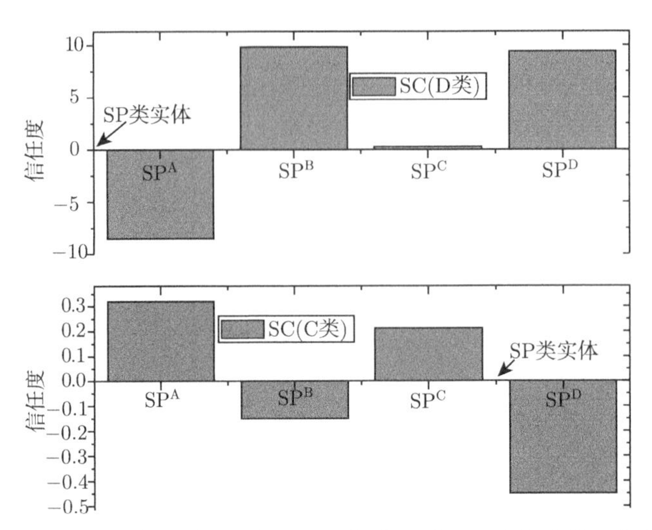

图 4-6　在公共系统中 C 类 D 类 SC 实体对 4 类 SP 实体的总体信任度评价

正因为不同类实体的交互行为，影响着每类实体在公共系统的平均信任度。图 4-7 所示的是在两种情况下每类 SP 实体的平均信任度。第一种实验情况 (图 4-7 中的类 1) 是指每类实体同样的活跃程度，且网络刚刚开始没多久的情况。这时，由于真实的 SC 实体有一半，故这种情况下得到的总体平均评价是与实际情况相符的。而在第 2 个实例中 (类 2) 中，真实的 SC 实体不活跃或者没有向公共系统报告其评价值，而虚假的实体活跃度是真实实体的一倍，这时公共系统中反映的信任值就与真实情况相不一致的，因此依靠实体的反馈来建立信任系统存在问题。

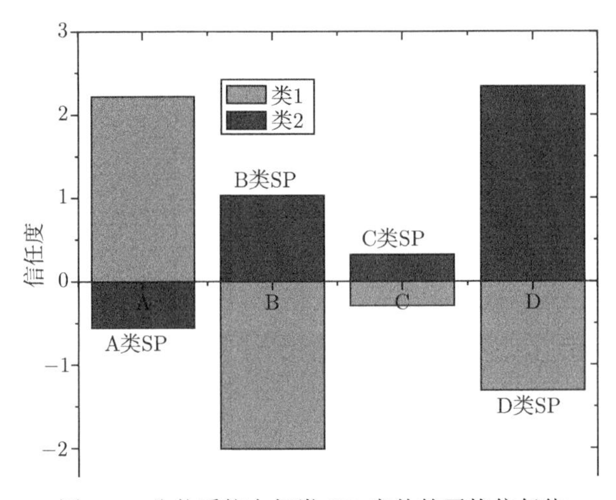

图 4-7　公共系统中每类 SP 实体的平均信任值

图 4-8 所示的是在各类实体的活跃度相同的情况下，随着服务组合的进行，不

同类实体在公共系统中的信任度情况。在图 4-8 中，我们发现，由于虚假实体的存在，因此，真实实体在公共系统中的平均评价并不是很高，因为总有一些虚假实体对它的评价降低了它的真实信任值。而 C 类 SP 实体评价的平均值接近 0，B 类实体是虚假的实体，但其信任度会随着交互次数的增长而上升的情况。这是因为，随着服务组合的进行，真实的服务因为已经知道其信任度不高，不会再与其交互，因而缺少了对其的正确的负向评价，而只有虚假实体对其的虚假评价，因而出现反常的信任值上升的情况。而 D 类实体与 B 类实体同，但它有其共谋同伙，因而其信任度上升得更多。

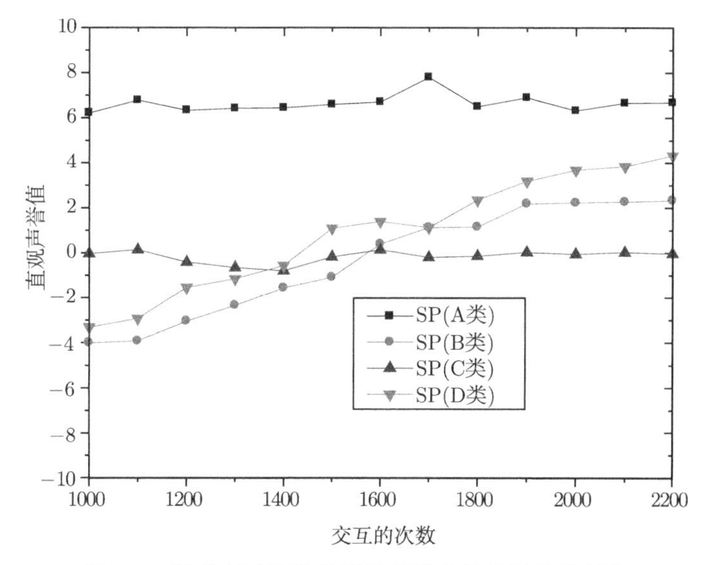

图 4-8 随着交互次数的增长每类实体的平均信任值

以上两个实验说明了只有公共信任系统，还不能够识别实体的共谋、虚假的信任关系，从而导致服务组合的质量不高。

图 4-9 所示的是当在推荐信任集合向前推理时，当交互行为非常多的情况下。只取信任度最高的前 1 个实体，前 2 个实体，前 3 个实体，前 4 个实体，前 5 个实体，以及信任大于阈值的所有实体参加信任演化时得到的服务组合成功率。从图 4-9 中可以看出，推荐路径向前推理演算时，取信任度最高的 3~4 个时就能够达到比较高的服务组合成功率。而取所有大于阈值的实体参与信任计算时，这时得到的服务组合率反而不高。其原因是，信任值高的总是会给出正确的方向，而信任度低的服务，相当于信息论中的噪声，加入后，不但增加计算量，反而会干扰正常的服务选择，导致服务组合成功率降低。

图 4-10 所示的是信任推荐路径上取不同的信任阈值时对服务组合成功率的影响。由于将信任度划分为 10 个等级，如果将信任度的阈值取为 8，则表示在服务

组合上只将信任值大于 8 的实体参与信任推理与服务组合计算，这时参与服务组合计算的实体较少。而当阈值为 1 时，表示信任度不高的实体也参与服务组合计算，这时参与服务组合计算的实体较多，但得到的服务组合成功率功不高。而信任值的阈值取得较合适的值时，得到的服务组合率较高，所得到的结论与上面的结论类似。

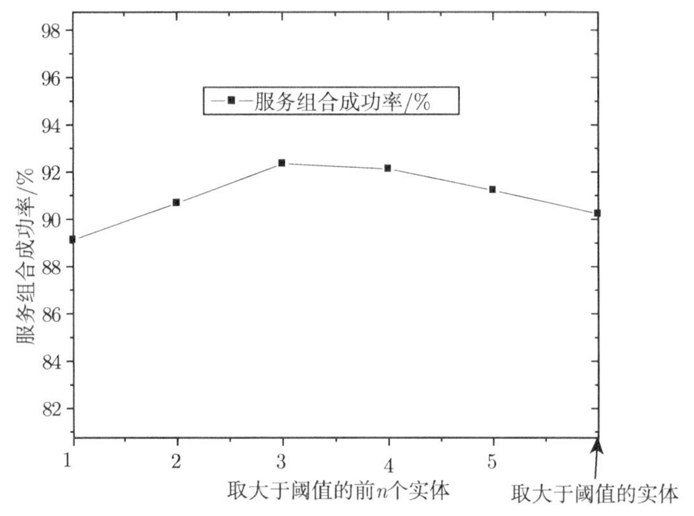

图 4-9　取参加信任计算的实体个数与组合成功率的关系

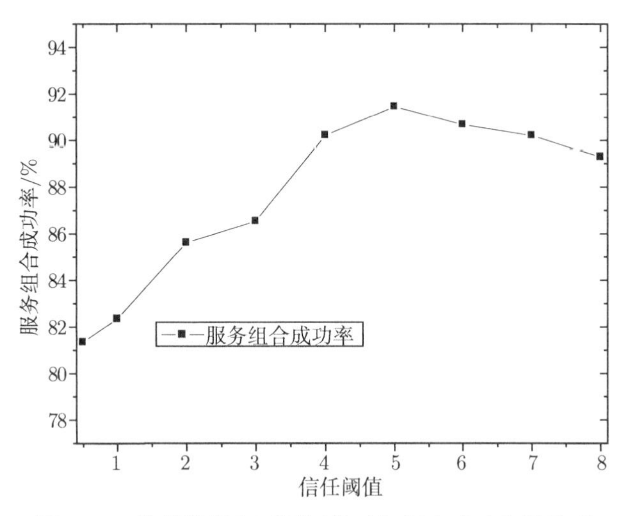

图 4-10　推荐路径取不同阈值时与组合成功率的关系

实际上，以上现象与人类交往的情况类似，人可以从多个渠道来获得对某个事情的信息，但决定的做出不在于信息来源多少，而在于信息的准确性，虽然，多个渠道来源信息的一致性可以使人更容易做出决定。这也可以用信息论的相关知识来解释。在信息论中，决定信息的本质由最准确的信息决定，而不在于信息来源的多少，质量不高的信息来源相当于噪声干扰了信息的判断。

图 4-11 对比了不同情况下推荐路径长度的情况。当系统中的交互次数较小时，本章的信任推荐路径的平均长度与传统的信任路径长度相似 [98]，但随着交互次数的增长，本章的推荐路径反而减少，而传统信任推理路径增大，其原因是，随着信任关系的丰富，本章的信任推理必定沿着最短路径向前推理，而传统的信任关系需要综合所有的信任路径，其长度会随着信任关系的丰富而增长，其计算复杂性也上升。

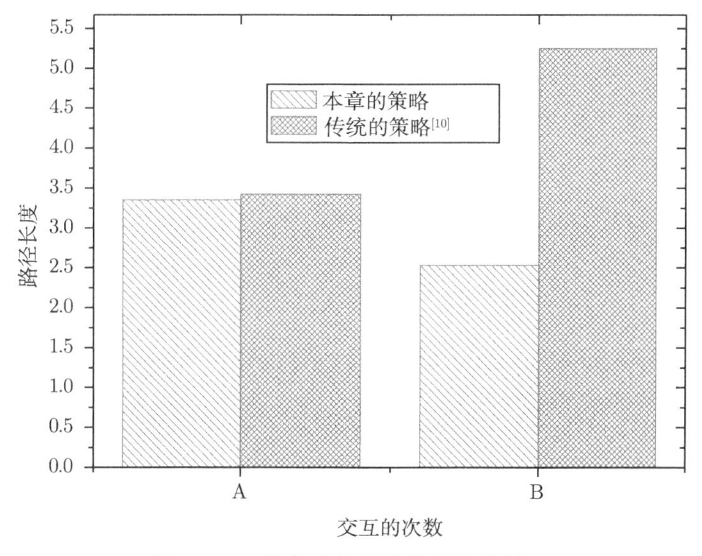

图 4-11 推荐路径长度值的变化情况

图 4-12 所示的是随着交互次数增长的情况下，SC 实体能够推理出的实体个数，从图中可以发现，本章的信任策略能够起到丰富信任关系的作用。其原因是：我们以与实体交互过的实体为 “桩” 来考察与评价其他实体的信任度，因而，一个实体只要与较少的实体进行过交互后就能够几何级地推理出其他实体的信任值，能够快速丰富系统的信任关系。

图 4-13 的实验结果表明本章的策略能够较好地识别共谋欺骗。在图中 A 类 SC 随着交互次数的增多，与 A 类 SP 交互的次数增多，而与其他类实体交互的次数减少，说明随着交互的进行，实体识别了虚假与共谋实体，从而不与其交互，避免受欺骗。

图 4-14 表示的是随着信任演化系统的进行，服务组合的一次成功率也随之上升。说明本章提出的可信演化策略较好地保证了 “好” 服务之间的交互，而有效抑

制恶意服务，因此，保证了系统的服务组合成功率。相对文献 [98] 的传统信任策略来说，本章的策略能够在交互次数较小的情况就取得较高的服务组合成功率。在图 4-14 中本章提出的策略用策略 A 表示，文献 [98] 提出的策略用策略 B 表示。

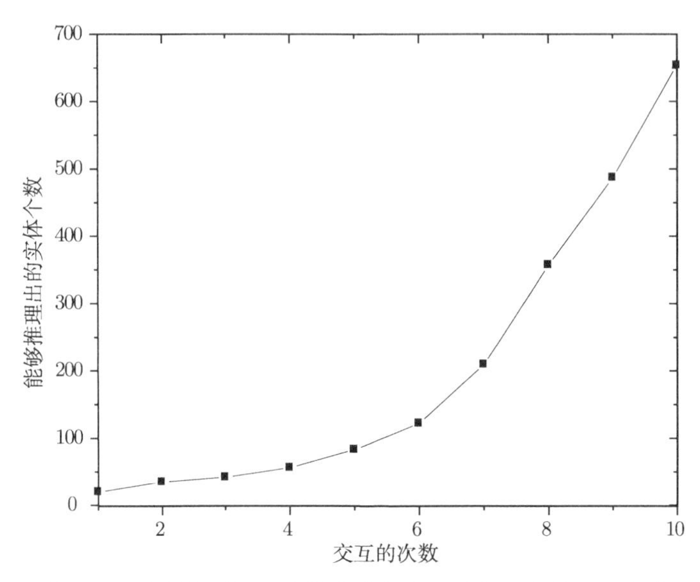

图 4-12　实体随着交互次数的增长能够推理出来的实体个数

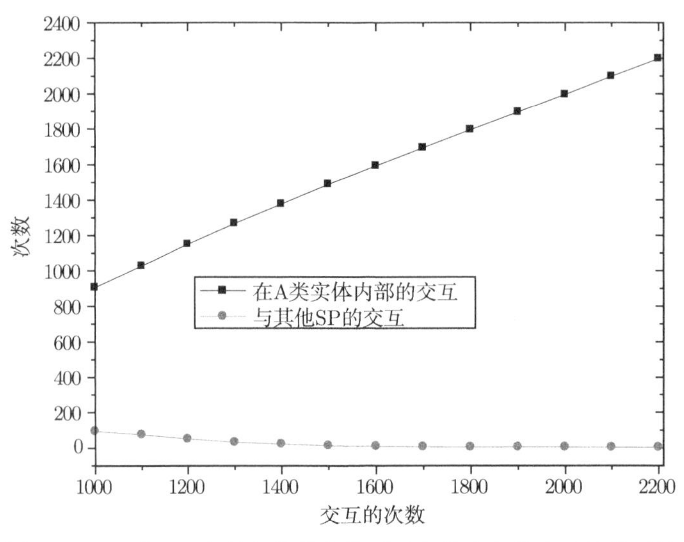

图 4-13　A 类 SP 实体与其他实体以及实体内部的交互次数对比

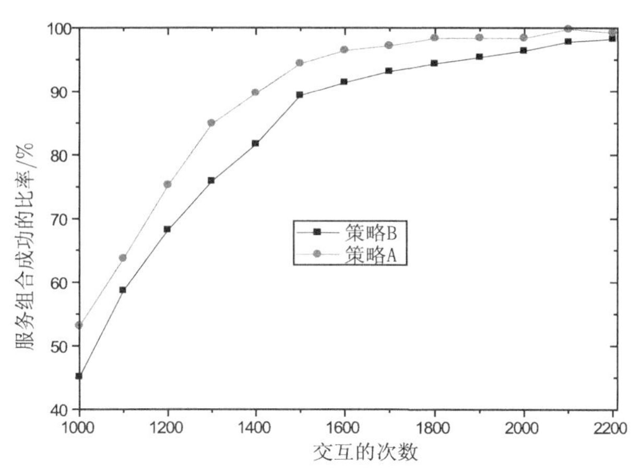

图 4-14 服务组合的成功率与交互次数的关系

4.6 本 章 小 结

本章提出了一种在当前服务组合基本框架的前提下，基于信任推理与扩展的服务组合策略。策略通过结合公共与个体的服务质量与信任信息对服务组合的实体进行服务质量与信任关系演化与评价。在此基础上，为改变传统信任推理中的信任缺失与信任泛化的不足，提出了受限于可信实体间的信任演化，基于实体集合的信任演化，逐步逼近评价实体的信任演化新方法。新的信任推理系统通过服务实体间信任关系的推导、反演与递推极大程度丰富了实体的信任关系，从而能够最大化地克服传统信任演化中直接信任关系稀小，前期信任匮乏的问题，同时，能够有效识别共谋欺骗，从而改变了传统的信任关系建模思路，提高了服务组合质量。

第 5 章　基于链路级的可信演化服务组合策略研究

5.1　概　　述

用户得到高质量的快速服务组合较为困难[24,25]。前面两章已经论述了两个方面的原因，但实际上造成困难的主要还有三个方面。

(1) 服务的可信性难以保障：见第 3 章和第 4 章的论述。

(2) 服务间的依赖关系影响服务组合 QoS。

有不少支持 QoS 的服务组合，试图选择出 QoS 较高的服务来进行组合，以得到高 QoS 的服务组合。这种策略是基于这样一种理念：即如果组成服务组合各个服务的 QoS 高的话，那么组合出来的服务组合 QoS 也必然高。因此，这类策略一般采 Pareto(帕累托) 最优的求解方法，如线性规划法、启发式算法、人工智能方法 (神经网络、PSO、GA 算法) 来计算求解以得到 Pareto 最优的服务组合。但在实际中，这种策略并不具有普遍性，单个服务 QoS 高的“强强联合”其服务组合 QoS 不一定高[102,104]。在服务组合中，由于服务的个性化差异，导致即使组成服务组合的每个服务 QoS 高的服务组合并不一定好。而某些单个服务质量并不高的服务，组合成的服务组合其整体 QoS 却较高。这种情况与社会和自然界的现象是类似的：如弱势实体的优化组合往往能够击败强势实体的组合，或者不太优秀实体的结合往往能够产生优秀的下一代，而优秀的实体结合有可能产生平凡的下一代。可见，相互 “匹配” 比较好的服务组合其整体服务质量才高，而这种优化并不是能够依据外在的计算与 QoS 量化能够推理出来的，大部分是在服务组合的交往中，逐步融合，逐步适应，甚至逐步调整，从而使服务组合朝着良性优化的方向发展。可见，试图仅通过对 QoS 的优化计算来来达到服务组合优化的策略，其实际效果很难以保证。

最新的研究人员已经意识到这一点[16,28]，文献 [16] 指出服务组合的总体服务质量往往是由服务之间的相互依赖决定的。例如，旅行预订服务 (travel plan)：如果出差订的是东方航空公司的飞机票，又住东方航空公司的旅馆，那么票与旅馆费用都可以打折。而南方航空公司的飞机旅行服务质量好，东方航空公司的旅馆服务质量好，如果都选择最好的服务质量的话，那么都不能打折，这样用户反而得不到性价比较好的服务了。

但文献 [16] 需要服务提供者提供服务 “匹配” 的模板，以确定服务之间的依赖关系。由于分布式面向服务计算环境中的服务浩如烟海，服务是动态产生，又动态消失。服务之间的依赖与“匹配”关系同样是纷繁复杂，随时间与条件而动态变化，动态产生，动态消失，分化与组合。因此，采用“匹配”模板的固定方式，难以对新增、扩展的服务纳入“匹配”的模板，不一定适应服务的动态情况，以及复杂的计算问题。这说明需要一种自适应的演化策略来发现、计算与确定服务间的“匹配”关系，并利用这种“匹配”关系来指导服务组合，从而提高服务组合质量。

不仅服务之间的依赖 (匹配) 关系影响服务组合的 QoS，实际上服务组合的 QoS 还与服务消费者 (SC) 相关。也就是说对于相同的服务组合链路，不同的 SC 申请得到的服务组合 QoS 是不相同的，我们称这种现象为服务选择的“偏好性”。例如，对价值高的 SC，SP 提供的 QoS 级别就高，而对普通 SC 只提供一般的 QoS。

这样，服务的可信性、服务组合间的依赖关系、服务组合与 SC 间服务选择的“偏好性”这三种因素的结合导致服务组合 QoS 的研究极其复杂[105,106]。有多种原因造成服务组合的 QoS 不高，这些原因有可能是由于信任关系造成的，即服务组合中存在一个或者多个不可信的 SP 实体组成，而造成服务组合的整体 QoS 不高；除了可信性方面的原因外，前面论述的服务组合间的不当“匹配”也会引起服务组合的质量下降；而不同的 SC 实体对同样的组合链路得到的服务质量也不相同。那么，如何确定服务组合链路中究竟是由于服务间不相“匹配”而造成服务组合整体 QoS 不高，还是由于服务组合不可信而造成的整体 QoS 不高，以及是由于服务选择的“偏好性”原因造成的 QoS 不高；如何通过实体的交互行为识别与判断以上情况，如何通过可信的演化自适应演化与快速服务组合得到高 QoS 的服务组合。据我们目前的研究所知，还鲜有这类问题的相关研究，而这些问题对从根本上解决服务组合 QoS 优化具有重要的意义。

(3) 服务组合路径的“偏好性”问题。

由于服务组合中有多条可完成相同功能的组合路径，当前研究中，服务实体的信任度反映的是此服务历史上能够成功完成服务组合次数的概率，不能区分当服务组合采用不同的组合路径时的组合成功率，不太符合服务组合的实际情况。在实际中，即使在单个信任度不太高的实体对特定的组合路径也可能存在质量与成功率都非常高的组合路径，而总体信任度高的实体也可能存在对特定组合路径服务质量与成功率不高的组合路径。也就是说：在服务组合中对于特定的组合链路，选择某些服务质量与信任度不是太高的服务实体反而能够获得较高的服务组合，而选择服务质量与信任度高的实体反而不能获得较高的服务质量，我们称之为服务组合“偏好”问题。

服务组合的“偏好”问题也是符合实际情况的。例如，一个可信的实体总共进行了 10 次服务组合行为，但由于对服务环境的信任缺乏 (在其刚刚进入分布式服务计算环境的初期)，它受到了 9 次欺骗，而它正确的选择了 1 个较好的服务组合。

按一般信任计算方法它的可信度只有 10%，属于不可信的服务。但究其实际情况，此实体本质是可信的实体，而且即使在这样的情况下，此服务实体向他人推荐它已经成功的服务组合路径还是可以获得可信的高质量服务组合。因此，而没有必要将此服务排斥在可选服务集合之外。我们称这种现象为“信任的初始障碍，壁垒”。这种初始壁垒往往导致信任的阻隔，导致信任的冷漠，不利于服务组合的发展。

基于以上分析，本章提出一种新的基于链路级的可信演化服务组合策略。策略的主要目的是以服务交互过程中的行为做信任演化的基础，通过服务质量与可信演化方法来获得每个服务的 QoS 与信任度；通过链路的可信演化方法来获得链路的服务质量，并获得服务组合间的偏序关系；在以上研究的基础上，提出了基于可信链路演化的服务组合策略，从而提高服务组合的服务质量。本章的基于链路的信任演化框架主要有如下几点。

(1) 采用新的服务质量与可信度相结合的可信计算结构框架。

有不少服务组合的研究采用服务自己宣称的 QoS，难以保证服务组合的可信性。在本章中采用二层服务质量与信任演化系统。

第一层服务质量与信任演化系统与当前的服务组合系统类似，其执行的主体是公共服务交互中心，如服务代理 (SB)。每个 SP 实体在服务代理中宣称自己的服务质量，同时，服务交互行为发生后向 SB 报告交互行为中得到的 QoS(包括组合链路的 QoS 以及组成组合链路的 SP 实体的 QoS)，而 SB 中的信任演化系统根据自己宣称的 QoS 与服务交互行为中报告的 QoS 相比较而确定实体的可信性。显然这种信任演化结果并不一定是可信的，但它表明了实体的倾向性，为下面的个体信任演化系统进一步的信任演化提供了基础。

第二层服务质量与信任系统是实体的个体信任演化系统。每个实体自身依据组合交互行为中得到的信息，形成自身的个体 QoS 与信任演化系统。由于个体 QoS 与信任演化系统是实体直接与周围环境交互中形成的，具有直接的可信性，而在此基础上，本章进一步扩展信任的推理方法，丰富个体 QoS 与信任演化系统。

在信任推理中，大多数研究对服务组合采用交互行为成功与否来评价实体的可信性，存在对可信程度描述不细致的问题。本章采用交互行为中获得的实际 QoS 与其宣称的 QoS 的偏差来评价可信度，较能容易地、细致地信任评价结果。

(2) 基于组合链路的可信演化方法。

在以往基于单个服务的组合方法的基础上，本章扩展为基于链路选取的组合方法。其思想是：在实际中大多数应用只需要获得满足一定 QoS 的服务组合，而不需要获得 QoS 最大化的服务组合，试图获得最优的服务组合代价非常大，因此，实际的服务组合往往只需达到用户一定的 QoS 要求即可，并不一定是最优的，却对服务组合的速度有一定要求。基于此，本章以链路为服务组合的一个基本选择元素，对服务组合链路的 QoS 进行演化计算，从而以整条组合链路为用户的选择目标，这样不需要对单个服务进行 QoS 选择，极大地提高了组合的速度。只有在组合链路不满足应用需求的情况下，才进行基于单个服务的服务组合。本章的实验结果表明，随着实体参与组合的行为越多，进行传统的基于单个服务组合的概率非常小。而且直接的基于链路组合的查找集合的基数非常小，故而组合速度非常快，而基于单个服务的组合方法，组合的复杂程度非常高，也很难保证得到的服务组合是最优的。

此外，本章除了对参与组合的实体进行信任评价外，而且还对信任实体的评价进行分区。在传统信任评价中，对 QoS 与信任评价值都相同的实体，在服务组合是没有区别的。但在实际中，不同方法与不同实体得到的信 QoS 与信任度的评价其可信程度是不相同的。显然，直接交互得到的信任评价值其采信程度要高。因此，在本章中，对不同的 QoS 与信任评价分为三个区，分别是白区、灰区、黑区，表示对其评价值的可采信程度。在服务组合中首先在采信程度高的区域内进行，如果得不到符合应用需求的服务组合，再在灰区内进行服务组合，直接得到满足应用的服务组合路径。

(3) 已经有关于服务组合实体间相互依赖关系的研究, 本章在此基础上进行如下两个方面的扩展：一是不仅考虑服务组合 SP 实体的组合 “偏好性” 问题，而且考虑 SC 实体对不同组合路径有 “偏好性” 问题；二是提出动态、自动计算实体 “偏好性” 的计算方法，从而为服务组合的深入研究提供新的思路。

5.2 服务代理系统及其信任演算

本章的可信链路服务组合系统由服务代理 (SB)、服务提供者 (SP)、服务消费者 (SC)3 个组成部分，基中服务代理系统 (如 UDDI) 中的信息是 SP 与 SC 在交互行为中向系统报告的信息，所有用户都能够在其中查询与获取这些相关信息，虽然不能保证这些信息的可信性，但它作为一个面向服务开放的信息基础记录了服务交互的信息，可作为信任演化的原始数据基础。

用 $p_1, p_2, \cdots, p_n$ 表示系统中的 n 个服务提供者实体，集合 $P = \{p_1, p_2, \cdots, p_n\}$，称为 SP 实体域。

每一个 SP 实体在向服务代理 (SB) 注册时，会声明自己的服务质量等属性。设第 i 个实体的宣称的 QoS 表示为

$$Q_i^{\text{declare}} = \left[\, Q_{i,1}^{\text{o}} \quad Q_{i,2}^{\text{o}} \quad Q_{i,3}^{\text{o}} \quad \cdots \quad Q_{i,u}^{\text{o}} \right] \tag{5-1}$$

其中 u 为服务质量的维数。

所有 SP 实体宣称的服务质量的矩阵在代理系统中存储如下:

$$Q_{\text{all}}^{\text{self}} = \begin{bmatrix} Q_{1,1}^{\circ} & Q_{1,2}^{\circ} & Q_{1,3}^{\circ} & \cdots & Q_{1,u}^{\circ} \\ Q_{2,1}^{\circ} & Q_{2,2}^{\circ} & Q_{2,3}^{\circ} & \cdots & Q_{2,u}^{\circ} \\ \vdots & \vdots & \vdots & & \vdots \\ Q_{n,1}^{\circ} & Q_{n,2}^{\circ} & Q_{n,3}^{\circ} & \cdots & Q_{n,u}^{\circ} \end{bmatrix} \tag{5-2}$$

为了将多维 QoS 指标统一化为一个综合的 QoS 指标，用 ϖ_i 表示第 i 个 QoS 指标的重要性程度, 并且 ϖ_i 满足

$$0 \leqslant \varpi_i \leqslant 1, \quad \sum_{i=1}^{u} \varpi_i = 1 \quad (i = 1, 2, 3, \cdots, u) \tag{5-3}$$

定义 5-1 SP 实体 i 所宣称的归一化服务质量为

$$Q_i^{\text{self}} = \sum_{k=1}^{t} \varpi_k Q_{i,k}^{\circ} \tag{5-4}$$

定义 5-2 在服务代理 (SB) 中所有 SP 实体所宣称的归一化服务质量为

$$Q_{\text{normalize}}^{\text{self}} = \begin{bmatrix} Q_1^{\text{self}} & Q_2^{\text{self}} & Q_3^{\text{self}} & \cdots & Q_n^{\text{self}} \end{bmatrix} \tag{5-5}$$

为简单起见，在后面的论述中以 Q_i 来表示第 i 个实体的服务质量。

对于 SC 实体，用 $c_1, c_2, \cdots, c_m$ 表示系统中的 m 个服务消费者实体，集合 $C = \{c_1, c_2, \cdots, c_m\}$, 称为 SC 实体域。

5.2.1 实体与组合链路的服务质量计算

SB 系统除了记录 SP 实体宣称的服务质量外，还记录实体 (SC 或者 SP) 报告的服务组合情况，用 C_i^j 表示第 i 个服务消费者申请的第 j 条服务组合链路请求；因为服务组合链路由多个服务组合而成，因此，在一次服务组合中 SC 实体对组合路径中的每一个服务提供者 SP 实体都有一个评价的值，记为 Q_i^t，表示对第 i 个 SP 实体在时间 t 时服务质量的评价。这样，在一次服务组合中对组合链路中的每个 SP 实体的 QoS 用下面的向量表示，其中 e 表示组合路径的长度。不同的组合，其组合路径长度不同，但在本章中为简单起见，e 为最长组合路径的长度，如果组合路径长度小于 e，则以占位符 ϕ 来表示:

$$[Q_1^t \ Q_2^t \ Q_5^t \ \cdots \ Q_e^t]$$

用 $\vartheta_i^{j\rightarrow}$ 表示第 i 个服务消费者申请的第 j 个服务组合链路请求所得到的整个组合链路的服务质量。对同一个 c_i 与组合链路 L_j 的多次组合 (c_i,L_j) 只记录最近

κ 次的信息。这样系统中记录的服务组合信息如下面的矩阵所示:

$$Q_{\text{link}}^{\text{report}} = \begin{bmatrix} C_1^1 \\ C_1^2 \\ C_2^1 \\ \vdots \\ C_i^1 \\ C_i^2 \\ \vdots \\ C_n^k \end{bmatrix} \Rightarrow \begin{bmatrix} Q_1^{t-\Delta} & Q_2^{t-\Delta} & \cdots & Q_e^{t-\Delta} \\ Q_1^t & Q_2^t & \cdots & Q_e^t \\ Q_1^{t-2\Delta} & Q_2^{t-2\Delta} & \cdots & Q_e^{t-2\Delta} \\ \vdots & \vdots & & \vdots \\ Q_1^{t-4\Delta} & Q_2^{t-4\Delta} & \cdots & Q_e^{t-4\Delta} \\ Q_1^{t-3\Delta} & Q_2^{t-3\Delta} & \cdots & Q_e^{t-3\Delta} \\ \vdots & \vdots & & \vdots \\ Q_1^t & Q_2^t & \cdots & Q_e^t \end{bmatrix} = \begin{bmatrix} \vartheta_1^{1\to} \\ \vartheta_1^{2\to} \\ \vartheta_2^{1\to} \\ \vdots \\ \vartheta_i^{1\to} \\ \vartheta_i^{2\to} \\ \vdots \\ \vartheta_n^{k\to} \end{bmatrix} \tag{5-6}$$

依据上面的服务交互矩阵 (5-6), 从中抽取 SC 实体 c_i 与 SP 实体 p_j 的所有交互记录, 得到实体 c_i 对实体 p_j 的服务质量评价 Q_{ij}。设抽取到的实体 c_i 在与实体 p_j 最近的 w 次 (链路中的 k 次与此处的 w 意义不一定一样) 交互中的得到的服务质量评价为

$$\{Q_{ij}^{(1)}, Q_{ij}^{(2)}, \cdots, Q_{ij}^{(w)}\} \tag{5-7}$$

$\{Q_{ij}^{(1)}, Q_{ij}^{(2)}, \cdots, Q_{ij}^{(w)}\}$ 中的元素按照发生的时间顺序排列, $Q_{ij}^{(1)}$ 表示离现在较久的一次交互, $Q_{ij}^{(w)}$ 表示离现在最近的一次交互。则实体 c_i 对实体 p_j 的综合服务质量评价为

$$Q_{ij} = \begin{cases} \sum_{k=1}^{w} Q_{ij}^{(k)} \cdot \hbar(k)/w, & w \neq 0 \\ 0, & w = 0 \end{cases} \tag{5-8}$$

式中 $\hbar(k) \in [0,1]$ 是衰减函数, 用来对发生在不同时刻的信息进行合理的加权, 根据人们的行为习惯, 对于新发生的交互行为应该给予更多的权重[4], 衰减函数定义为

$$\hbar(k) = \begin{cases} 1, & k = w \\ \hbar(k-1) = \hbar(k) - 1/k, & 1 \leqslant k < w \end{cases} \tag{5-9}$$

同样的方法, 可以得到实体 c_i 与其他所有交互过的服务的 QoS 评价值 Q_{ik}, 这样得到实体 c_i 对其他 SP 实体的评价向量如下:

$$[Q_{i,1} \quad Q_{i,2} \quad Q_{i,3} \quad \cdots \quad Q_{i,n}] \tag{5-10}$$

将所有 SC 实体对 SP 实体的服务质量评价结果存在服务质量的评价矩阵中,

得到的矩阵如式 (5-11) 所示：

$$Q_{\text{normal}}^{\text{report}}=\begin{bmatrix} Q_{1,1} & Q_{1,2} & Q_{1,3} & \cdots & Q_{1,n} \\ Q_{2,1} & Q_{2,2} & Q_{2,3} & \cdots & Q_{2,n} \\ \vdots & \vdots & \vdots & & \vdots \\ Q_{m,1} & Q_{m,2} & Q_{m,3} & \cdots & Q_{m,n} \end{bmatrix} \tag{5-11}$$

类似于上面的方法，从服务交互矩阵 (5-10) 中抽取 SC 实体 c_i 与第 j 条链路 L_j 的所有交互记录，得到所有实体 c_i 对链路 L_j 的服务质量评价 $\vartheta_i^{j\to}$。实体 c_i 在与链路 L_j 最近的 w 次交互中的得到的服务质量评价为

$$\{\vartheta_{i,j}^{\to(1)},\vartheta_{i,j}^{\to(2)},\cdots,\vartheta_{i,j}^{\to(w)}\} \tag{5-12}$$

依据类似于式 (5-8) 和式 (5-9) 的计算方法，将最近交互的组合链路的要重比例大，时间最远的组合链路权重小，这样将式 (5-12) 计算为实体 c_i 对组合链路 L_j 的综合服务质量评价 $\vartheta_{i,j}^{\to}$。而将每一个实体对每一条路径的服务质量评价用下面矩阵所示：

$$\vartheta_{\text{normal}}^{\text{report}}=\begin{bmatrix} \vartheta_{1,1}^{\to} & \vartheta_{1,2}^{\to} & \vartheta_{1,2}^{\to} & \cdots & \vartheta_{1,k}^{\to} \\ \vartheta_{2,1}^{\to} & \vartheta_{2,2}^{\to} & \vartheta_{2,3}^{\to} & \cdots & \vartheta_{2,k}^{\to} \\ \vdots & \vdots & \vdots & & \vdots \\ \vartheta_{m,1}^{\to} & \vartheta_{m,2}^{\to} & \vartheta_{m,3}^{\to} & \cdots & \vartheta_{m,k}^{\to} \end{bmatrix} \tag{5-13}$$

值得注意的是 $Q_{\text{normal}}^{\text{report}}$ 和 $\vartheta_{\text{normal}}^{\text{report}}$ 仅仅是服务组合交互行为后向服务代理报告得到的服务质量的值，SB 系统只负责记录服务交互的情况，并不代表真实的服务质量的值，因为不能保证服务实体所报告的值是真实的。

5.2.2 SP 实体的系统信任演算

与以往信任评价不同的，本章信任对实体的信任评价是通过对比服务质量的差异来进行计算，而不需要实体向系统报告自己的信任评价，因为，实体自身的信任评价往往具有个体的差异性，而本章只要个体报告实体自己体验的服务质量，然后，系统依据服务质量计算对实体的信任评价。

定义 5-3 (实体 c_i 交互得到的服务质量与实体 p_j 宣称服务质量的差异度) 用 $\tau_{ij}^{(t)}$ 表示实体 c_i 对实体 p_j 一次交互的差异度。令

$$\tau_{ij}^{(t)}=\tau(c_i,p_j,s,t)=\sum_{k=1}^{u}\varpi_m(Q_{i,j}^{k,t}-Q_{j,k}^{\circ}) \tag{5-14}$$

其中 t 是交互时间戳，与第 4 章的定义相同。$Q_{i,j}^{k,t}$ 表示实体 c_i 与 p_j 交互时在第 t 个时刻得到的第 k 维 QoS 的量。显然 $\tau_{ij}^{(t)}$ 为正时表示 SC 实体得到的服务质量

比其宣称的服务质量还要高，表示实体 p_j 自己所能够提供的服务质量比宣称的服务质量要高，可认为此 SP 是可信的实体，如果 $\tau_{ij}^{(t)}$ 为 0，则说明 p_j 非常准确地对外宣称了自己的服务质量，也是可信的。但对比以上两种情况，显然与第一种情况的实体交互中往往能够得到的比预期更好服务质量的服务组合，那么系统应该赋予第一种情况的实体更大的可信度。如果 $\tau_{ij}^{(t)}$ 为负则说明 SC 实体得到的服务质量小于实体 p_j 所宣称的服务质量，系统应该认为是一种虚假的行为，可信度较低，而且其可信度与差异值的大小反比，差异值越大，其可信度越低。

同样，计算得到差异度的比例为

$$\psi_{ij}^{(t)} = \tau_{i,j}^{(t)} \Big/ \sum_{k=1}^{u} \varpi_m Q_{j,k}^{\circ} \tag{5-15}$$

根据 SC 实体 c_i 得到的服务与实体 p_j 所宣称的服务质量的差异大小来决定实体 c_i 对实体 p_j 的信任度。

$$\varphi_{i,j}^{(t)} = 1 + \psi_{i,j}^{(t)} \% \partial \tag{5-16}$$

其中 ∂ 表示梯度划分的量，% 表示取模，用差异值对梯度取模表示当前 c_i 交互得到的差异值与实体 p_j 宣称的服务质量间相差多少梯度，如果正向相差越多，表示服务越可用、可信，而负向相差越多，表示服务虚假的程度越高，当差异值的绝对值小于 ∂ 时，表示服务是可信的，这时计算得到的可信度为 1，当负向差异值大于 ∂ 时，表示其宣称的服务质量小于实体与其交互时得到的服务质量，而且超过了一定限度，这时计算得到的信任值为小于等于 0 的值，表示信任度较低。

服务代理将所有交互过程中得到的服务信任评价结果存在信任评价矩阵 $\phi_{\text{all}}^{\text{report}}$ 中，矩阵如下面式 (5-17) 所示：

$$\phi_{\text{all}}^{\text{report}} = \begin{bmatrix} \phi_{1,1}^{t1} & \phi_{1,1}^{t2} & \phi_{1,1}^{t3} & \cdots & \phi_{1,1}^{tw} \\ \phi_{1,2}^{t1} & \phi_{1,2}^{t2} & \phi_{1,2}^{t3} & \cdots & \phi_{1,2}^{tw} \\ \vdots & \vdots & \vdots & & \vdots \\ \phi_{1,n}^{t1} & \phi_{1,n}^{t2} & \phi_{1,n}^{t3} & \cdots & \phi_{1,n}^{tw} \\ \phi_{2,1}^{t1} & \phi_{2,1}^{t2} & \phi_{2,1}^{t3} & \cdots & \phi_{2,1}^{tw} \\ \vdots & \vdots & \vdots & & \vdots \\ \phi_{m,n}^{t1} & \phi_{m,n}^{t2} & \phi_{m,n}^{t3} & \cdots & \phi_{m,n}^{tw} \end{bmatrix} \tag{5-17}$$

式 (5-17) 中的一行表示了某一 SC 实体对一 SP 实体在不同时段的信任评价，依据类似于式 (5-8) 和 (5-9) 的计算方法，得到 SC 实体 c_i 对 SP 实体 p_j 的总体信

任评价 $C_{i,j}$，所有 SC 实体对所有 SP 实体的综合信任度矩阵如式 (5-18) 所示：

$$C_{\text{all}}^{\text{report}} = \begin{bmatrix} C_{1,1} & C_{1,2} & C_{1,3} & \cdots & C_{1,n} \\ C_{2,1} & C_{2,2} & C_{2,3} & \cdots & C_{2,n} \\ \vdots & \vdots & \vdots & & \vdots \\ C_{m,1} & C_{m,2} & C_{m,3} & \cdots & C_{m,n} \end{bmatrix} \tag{5-18}$$

$C_{\text{all}}^{\text{report}}$ 同样不能保证是真实的，它的实际意义只是以服务实体自己所宣称的服务质量为标准，然后考察其他实体对宣称的服务质量的评价。例如，C_{ij} 的值表示实体 c_i 与实体 p_j 交互后向服务代理反馈的对 p_j 的信任度的评价，C_{ij} 为正时，表示 c_i 认为 p_j 的实际服务质量比它所宣称的服务质量要大，正的越多表示 c_i 实际得到的服务质量比 p_j 宣称的服务质量大得越多，表示越可信。相反，C_{ij} 为负时，表示 c_i 实际得到的服务质量比 p_j 宣称的服务质量要小，属于不可信实体。值得注意的是：由于服务代理只是记录服务组合实体参与方自身的服务质量宣称与信息反馈，系统不能确定实体的宣称与反馈信息的真实性，因而不能保证信任矩阵的真实性。但是它记录了服务实体各方原始的交换行为，以及交互行为的主观倾向，因此可为本章下面的基于信任的服务组合提供基础。

5.3 直接信任模型与信任演算

5.3.1 组合链路与 SP 实体的直接服务质量评价

实体在与其他实体的交互中建立自己的服务质量评价系统。SC 实体 c_i 申请服务所得到的组合路径情况如下面矩阵所示 (相当于从矩阵中抽取与实体 c_i 相关的组合链路及服务质量而得到矩阵 (5-19))：

$$Q_{\text{link}}^{\text{direct}} = \begin{bmatrix} Q_1^{t-\Delta} & Q_2^{t-\Delta} & \cdots & Q_e^{t-\Delta} \\ Q_1^{t} & Q_2^{t} & \cdots & Q_e^{t} \\ Q_1^{t-2\Delta} & Q_2^{t-2\Delta} & \cdots & Q_e^{t-2\Delta} \\ \vdots & \vdots & & \vdots \\ Q_1^{t-3\Delta} & Q_2^{t-3\Delta} & \cdots & Q_e^{t-3\Delta} \\ Q_1^{t-4\Delta} & Q_2^{t-4\Delta} & \cdots & Q_e^{t-4\Delta} \\ \vdots & \vdots & & \vdots \\ Q_1^{t} & Q_2^{t} & \cdots & Q_e^{t} \end{bmatrix} = \begin{bmatrix} \vartheta_{1,t-\Delta}^{1\rightarrow} \\ \vartheta_{1,t}^{2\rightarrow} \\ \vartheta_{2,t-2\Delta}^{1\rightarrow} \\ \vdots \\ \vartheta_{i,t-3\Delta}^{1\rightarrow} \\ \vartheta_{i,t-4\Delta}^{2\rightarrow} \\ \vdots \\ \vartheta_{s,t}^{j\rightarrow} \end{bmatrix} \tag{5-19}$$

从上面的链路交互矩阵 (5-19) 中将实体 c_i 对每一个 SP 实体的最近 w 次评价值形成矩阵 (5-20) 的一行，这样矩阵 (5-20) 中第 j 行表示 SC 实体对第 j 个 SP 实体近段时间的服务质量评价的一组值。

$$\Im_i^{\text{direct}} = \begin{bmatrix} \Im_{i,1}^{(1)} & \Im_{i,1}^{(2)} & \Im_{i,1}^{(3)} & \cdots & \Im_{i,1}^{(w)} \\ \Im_{i,2}^{(1)} & \Im_{i,2}^{(2)} & \Im_{i,2}^{(3)} & \cdots & \Im_{i,2}^{(w)} \\ \vdots & \vdots & \vdots & & \vdots \\ \Im_{i,z}^{(1)} & \Im_{i,z}^{(2)} & \Im_{i,z}^{(3)} & \cdots & \Im_{i,z}^{(w)} \end{bmatrix} \tag{5-20}$$

经过类似于式 (5-8) 和式 (5-9) 的服务质量计算方法，对于任意实体 c_i 与实体 p_j 交互的服务实体，都可以得到一个实体 c_i 对实体 p_j 的直接服务质量评价值 $\Im_{ij}$，实体 c_i 将所有交互过程中得到的直接服务质量评价结果存在服务质量的评价向量中，如式 (5-21) 所示：

$$\Im_{\text{normal}}^{\text{direct}} = [\Im_{1,1} \quad \Im_{1,2} \quad \Im_{1,3} \quad \cdots \quad \Im_{1,n}] \tag{5-21}$$

5.3.2 实体的直接信任评价

1. SP 实体的直接信任评价

同样依据实体 c_i 所记录的服务交互情况，可以依据信任演化的一般计算准则推导出服务实体 c_i 对其他 SP 实体的信任演化关系。

因为SP实体 p_j 自己对外宣称的服务质量向量为$Q_i^{\text{self}}=[Q_{i,1}^{\circ}\ Q_{i,2}^{\circ}\ Q_{i,3}^{\circ}\ \cdots\ Q_{i,u}^{\circ}]$。而实体 c_i 与实体 p_j 进行一次交互后得到的服务质量为

$$\Im_{i,j}^{\text{direct},t} = \begin{bmatrix} \Im_{i,j}^{1,t} & \Im_{i,j}^{2,t} & \Im_{i,j}^{3,t} & \cdots & \Im_{i,j}^{u,t} \end{bmatrix}$$

则 SC 实体可根据得到的服务质量与 SP 实体所宣称的服务质量之间的差异来表示可信度。结合 Q_i^{self} 和 $\Im_i^{\text{direct}}$ 矩阵，依据 5.2.2 节的式 (5-15) 与式 (5-16) 类似的计算，可以很容易得到 SC 实体 c_i 对 SP 实体的直接信任矩阵 $\varphi_i^{\text{direct}}$：

$$\varphi_i^{\text{direct}} = \begin{bmatrix} \varphi_{i,1}^{t1} & \varphi_{i,1}^{t2} & \varphi_{i,1}^{t3} & \cdots & \varphi_{i,1}^{tw} \\ \varphi_{i,2}^{t1} & \varphi_{i,2}^{t2} & \varphi_{i,2}^{t3} & \cdots & \varphi_{i,2}^{tw} \\ \vdots & \vdots & \vdots & & \vdots \\ \varphi_{i,n}^{t1} & \varphi_{i,n}^{t2} & \varphi_{i,n}^{t3} & \cdots & \varphi_{i,n}^{tw} \end{bmatrix} \tag{5-22}$$

矩阵 ϕ_i^{direct} 的第 j 行表示了 SC 实体 c_i 对 SP 实体 P_j 一段时间内的多个信任评价值，将这段时期的多个信任值采用类似于式 (5-8) 和式 (5-9) 类似的计算得到

SC 实体 c_i 对 SP 实体 P_j 最近一段时间内总的信任值 A_{ij}，这样 SC 实体 c_i 对交互过的所有 SP 实体的总的直接信任评价向量 A_i^{direct}：

$$A_i^{\text{direct}} = [A_{i,1} \quad A_{i,2} \quad A_{i,3} \quad \cdots \quad A_{i,n}] \tag{5-23}$$

2. SC 实体的信任评价与演化

实体 c_i 经过直接交互得到对 SP 实体 P_j 的信任值，那么实体 c_i 认为其他 SC 实体对 P_j 的信任评价值如果与自己直接交互得到的信任相同，则认为其他 SC 实体的评价是真实的，从而认为其他 SC 实体可信。相反，如果其他 SC 实体对 P_j 的信任评价值与 c_i 的评价值差异较大，则认为其他 SC 实体的评价是不真实的，从而认为此 SC 实体不可信。依据上述思想，下面来推导 SC 实体 c_i 对其他 SC 实体的信任评价的计算方法。

设与实体 c_i 直接交互的服务提供者 SP 实体的集合为 $[p_1\ p_2\ p_3\ \cdots\ p_v]$。SC 实体 c_i 对这些实体的直接信任评价为

$$[A_{i,1} \quad A_{i,2} \quad A_{i,3} \quad \cdots \quad A_{i,v}] \tag{5-24}$$

在服务代理中，按 5.2 节的系统中，可以得到每个 SC 实体对所有 SP 集合 V 的信任评价。

$$C_v^{\text{report}} = \begin{bmatrix} C_{1,1} & C_{1,2} & C_{1,3} & \cdots & C_{1,v} \\ C_{2,1} & C_{2,2} & C_{2,3} & \cdots & C_{2,v} \\ \vdots & \vdots & \vdots & & \vdots \\ C_{m,1} & C_{m,2} & C_{m,3} & \cdots & C_{m,v} \end{bmatrix} \tag{5-25}$$

那么矩阵 C_v^{report} 中的第 j 行就表示了所有 SC 实体对实体 p_j 的评价

$$C_{\text{all},j}^{\text{report}} = \begin{bmatrix} C_{1,j} \\ C_{2,j} \\ \vdots \\ C_{m,j} \end{bmatrix} \tag{5-26}$$

设 SC 实体 c_i 对实体 p_j 的直接信任判断为 $A_{i,j}$，这时，以 $A_{i,j}$ 为判断的标准来检验其他 SC 实体的可信度。

定义 5-4　实体 c_i 与实体 c_k 对实体 p_j 的信任判断的差异度：用 $\nabla(c_i, c_k, p_j, s)$ 表示。令

$$\nabla_{ik}^{j} = \nabla(c_i, c_k, p_j) = |A_{i,j} - C_{k,j}| \tag{5-27}$$

显然，∇_{ik}^{j} 值接近 0 时，表示如果实体 c_k 对实体 p_j 的信任判断是与实体 c_i 直接与实体 p_j 交互得到的信任值是相同的，可认为实体 c_k 给出的判断是真实的，认为实体 c_k 的可信度最高，设为信任度最高值 Z。如果 $\nabla_{ik}^{j} > 0$ 表示实体 c_k 给出的信任值偏低，如果 $\nabla_{ik}^{j} < 0$ 表示实体 c_k 给出的信任值偏高。这样有式

$$\gamma_{k,i}^{j} = \nabla_{ik}^{j} \% \beta \tag{5-28}$$

依据上述计算公式，实体 c_i 形成的对 SC 实体的评价矩阵为

$$\gamma_{\text{all}}^{i} = \begin{bmatrix} \gamma_{1,i}^{1} & \gamma_{1,i}^{2} & \gamma_{1,i}^{3} & \cdots & \gamma_{1,i}^{n} \\ \gamma_{2,i}^{1} & \gamma_{2,i}^{2} & \gamma_{2,i}^{3} & \cdots & \gamma_{2,i}^{n} \\ \vdots & \vdots & \vdots & & \vdots \\ \gamma_{m,i}^{1} & \gamma_{m,i}^{2} & \gamma_{m,i}^{3} & \cdots & \gamma_{m,i}^{n} \end{bmatrix} \tag{5-29}$$

γ_{all}^{i} 矩阵的第 j 行表示了实体 c_i 根据 SC 实体 c_j 对所有 SP 实体 p_j 的评价而做出的信任评价，对矩阵的第 j 行进行综合化为实体 c_i 对 SC 实体 c_j 的综合评价。计算公式为

$$\gamma_{j}^{i} = \sum_{k=1}^{n} \gamma_{j,i}^{k} / n \tag{5-30}$$

经过上述计算可以得到 SC 实体 c_i 对其他 SC 实体的综合信任评价向量为

$$\xi_{\text{integrate}}^{i} = \begin{bmatrix} \gamma_1^i & \gamma_2^i & \gamma_3^i & \cdots & \gamma_n^i \end{bmatrix} \tag{5-31}$$

经过上面的计算，就可以得到实体 c_i 对与其直接交互过的 SP 实体集合 V 的服务质量与信任度的评价，也可以得到与 SP 实体集合 V 有过交互行为 SC 实体的信任度的评价 (SC 实体没有服务质量评价)。下面，基于将以上信任推理机制并进行扩展，使得实体 c_i 能够推理得到间接实体 p_j 的服务质量与信任度的评价，从而提高服务组合的质量。

5.3.3 组合路径的直接服务质量评价

从式 (5-19) 中抽出实体 i 对链路 j 在时间 t 的服务质量评价 $\theta_{i,t}^{j\rightarrow}$，用 $\theta_{i,j}^{t}$ 表示。这样实体 i 对链路 j 在不同时间中的服务质量评价结果成为矩阵 (5-32) 中的一行，那么实体 i 对所有与其交互过的链路的服务质量评价如下面的矩阵所示：

$$\theta_{\text{link}}^{\text{direct}} = \begin{bmatrix} \theta_{i,1}^{(t)} & \theta_{i,1}^{(t+1)} & \theta_{i,1}^{(t+2)} & \cdots & \theta_{i,1}^{(t+w)} \\ \theta_{i,2}^{(t)} & \theta_{i,2}^{(t+1)} & \theta_{i,2}^{(t+2)} & \cdots & \theta_{i,2}^{(t+w)} \\ \vdots & \vdots & \vdots & & \vdots \\ \theta_{i,n}^{(t)} & \theta_{i,n}^{(t+1)} & \theta_{i,n}^{(t+2)} & \cdots & \theta_{i,n}^{(t+w)} \end{bmatrix} \tag{5-32}$$

如果同样的路径有多条的话，经过类似于式 (5-8) 和式 (5-9) 的计算方法，则将历史信息综合后得到对所有交互过链路的综合服务质量评价向量：

$$\theta_{i,j}^{\text{direct}} = [\theta_{i,1} \quad \theta_{i,2} \quad \theta_{i,3} \quad \cdots \quad \theta_{i,n}] \tag{5-33}$$

但是，却不能依据实体 c_i 对组合路径的直接服务质量评价来推导出其他 SC 实体是否做出了真实的评价 (即对 SC 实体的信任度)。因为，组合链路的 QoS 不高的原因是多方面的，有可能是组合链路的“偏好性”导致不同的 SC 实体得到的服务组合 QoS 有差异。因而，不能认为 SC 实体报告的组合链路 QoS 与实体 c_i 的直接链路评价值差值较大而认为其他 SC 实体不可信。

5.4　基于链路级的信任演化与服务组合

5.4.1　传统服务组合方法分析

传统的服务组合方法都是基于如下的服务组合思想：尽量选择服务质量最高的 SP 实体，由多个服务质量最高的 SP 服务组合成的服务组合的服务质量必然也比较高。这种思想有一定合理性，但却不一定符合实际情况，取得的服务组合质量有可能并不理想。因为服务组合是由多个服务组成的，除了服务本身的服务质量高外，服务与服务之间的配合程度也是重要的一个因素，仅仅服务自身 QoS 高，得到的服务组合 QoS 并不一定高。例如，在现实中，如果某个消费者经常消费的部门，往往比新来的客户会享受更多的优惠，而尽管新来的客户具有更重要的价值，而有些组合是在历史条件下形成的同盟体，对内部的客户与对外部的客户采取不同的服务价格与服务机制，从而不同的客户享受的服务也是不同的，享受的 QoS 也是不同的。这说明，服务组合是多个服务实体本身 QoS 与相互间“匹配”程度的综合结果，因此，只考虑服务实体本身 QoS 而不考虑服务组合间的“匹配”关系，这样得到的服务组合是很难保证其质量的。

但是，服务与服务间究竟谁与谁之间是“匹配”的，谁与谁之间是不“匹配”的，“匹配”的程度如何，如何探索出服务与服务之间的“匹配”关系却是一个非常困难的事情。首先，服务之间是否“匹配”很难根据外部的情况来判断，而大部分看起来“匹配”的服务在实际服务组合中效果较差；其次，服务之间的“匹配”过程是一个演化的渐进过程，服务在刚进行系统时，系统对其了解不多，因而其服务组合质量不高，但经过多次的交互后，其信任关系得到加强，因而其交互更加稳定，其服务质量也更高 (服务实体对于可信的服务提供更多的 QoS)。这说明服务间的“匹配”程度也是一种动态的演化过程，并不是固定不变的。

此外，在信任实体间进行信任推导可得到可信的结果，但信任推理中，只要存在不可信实体，就难以保证信任推理的结果是可信的。因此，需要将信任推理受限于一定可信范围内，从而保证信任推理的准确性，避免信任推理泛化问题 (泛化问题是指在信任推理路径存在不可信实体，而可能推导出可信结果的现象)。而且，一般来说虽然信任演化系统能够给出不同实体的信任度，但是不同情况下给出的信任评价结果，其可信的程度是不相同的。例如，在实体直接交互行为中得到的对某实体 SP 评价为 0.7 的信任值比间接的信任推导中得到的 0.7 的信任值，显然直接交互中得到的 0.7 的信任值其可信程度高，泛化地将两者的信任值看成是等同的策略是不合适的。

基于以上分析，本章将实体依据服务请求者对其可信度评价的准确程度分为如下三个不同的信任区域。白区：直接交互得到信任评价的实体集合，对这些实体的可信评价的可信度最高；灰区：依据直接信任关系推理得到信任评价结果的实体集合，具有一定的可信度；黑区：无法得到信任评价结果的实体集合 (指服务请求者 SC 个体信任库无法信任推出的实体集合)。

因为服务消费者 SC 对白区内的实体信息可信度最高 (对实体的服务质量与信任度的评价结果可靠性最高)。因此，在服务组合时，首先在白区范围内进行服务组合，如果在白区内不能得到满足应用的服务组合，再在灰区内进行服务组合，灰区内实体的可信度评价结果还是具有一定的可信性，因而其组合的结果可靠性次之；如果白区与灰区内的服务组合均不能满足应用要求，则首先从灰区中选择高质量的组链路 (基于链路优先的原则)，如果没有满足需求的组合链路则只能按照目前通用的服务组合方法，选择高服务质量的 SP 实体来进行服务组合 (即高 QoS 的 SP 实体组合成高 QoS 的服务组合的思想)，而服务质量只能采用 SP 实体自己宣称的服务质量，因而其组合的服务质量可信度受限。

5.4.2 SC 实体的"偏好度"计算

有些组合路径由于在长期的合作中，某些路径对特定的 SC 实体具有偏向性，因而其得到的服务质量比较高 (高于组合服务平均质量)，而对某些特定的 SC 的组合服务质量比较低。因而这种不同组合路径对 SC 的"偏好性"对于 SC 实体选择优化的组合路径具有较好的指导意义。因此，下面给出 SC 实体对这些组合链路的"偏好度"的计算方法。

将 c_i 得到组合链路的 QoS 与其他 SC 实体得到 QoS 进行对比，就知道 c_i 对组合链路的"偏好度"。因为，需要知道 c_i 对链路的 QoS 的值，以及其他 SC 实体对链路的 QoS。

首先 c_i 实体与组合链路的 QoS 评价向量如下式 (即前面的式 (5-33))：

$$\theta_{i,j}^{\text{direct}} = [\theta_{i,1} \quad \theta_{i,2} \quad \theta_{i,3} \quad \cdots \quad \theta_{i,n}]$$

而所有其他 SC 实体对组合链路的 QoS 评价矩阵为 $\vartheta_{\text{normal}}^{\text{report}}$，如式 (5-13) 所示。

但并不是所有的 SC 实体都是可信的，为保证信任推理在可信实体间进行，因此只采用可信 SC 实体对链路的评价值，即只在 $\vartheta_{\text{normal}}^{\text{report}}$ 矩阵中抽取 SC 实体可信度大于一定阈值的评价值。由于实体 c_i 对其他 SC 实体的综合信任评价向量为 $\xi_{\text{integrate}}^{i}$，如式 (5-31) 所示，矩阵 $\vartheta_{\text{normal}}^{\text{report}}$ 中只抽取那些 SC 实体的信任值超过一定阈值的 SC 实体的评价值 (即将不可信 SC 实体的评价值以空值 $\varnothing$ 代替)，形成如下的矩阵：

$$\vartheta_{\text{normal}}^{>\varepsilon} = \begin{bmatrix} \vartheta_{1,1}^{\rightarrow} & \vartheta_{1,2}^{\rightarrow} & \vartheta_{1,3}^{\rightarrow} & \cdots & \vartheta_{1,n}^{\rightarrow} \\ \varnothing & \varnothing & \varnothing & \cdots & \varnothing \\ \vdots & \vdots & \vdots & & \vdots \\ \vartheta_{m,1}^{\rightarrow} & \vartheta_{m,2}^{\rightarrow} & \vartheta_{m,3}^{\rightarrow} & \cdots & \vartheta_{m,n}^{\rightarrow} \end{bmatrix} \tag{5-34}$$

定义 5-5 实体 c_i 对组合链路 l_k 平均值的信任判断的差异度：用 $\varXi(c_i, l_j)$ 表示。令

$$\varXi_i^j = \varXi(c_i, l_j) = (\theta_{i,j} - \bar{\vartheta}_{,j})/\bar{\vartheta}_{,j} \tag{5-35}$$

$\varXi_{ik}^{j}$ 形成如下所示的矩阵，$\varXi_{ik}^{j}$ 为正表示其得到的服务质量高于平均值的程度，其“偏好度”高，其为负表示其低于平均水平的程度，对其“偏好度”低。

$$\varXi_{\text{normal}}^{\text{credit}} = \begin{bmatrix} \varXi_{1,1} & \varXi_{1,2} & \varXi_{1,3} & \cdots & \varXi_{1,n} \\ \varXi_{2,1} & \varXi_{2,2} & \varXi_{2,3} & \cdots & \varXi_{2,n} \\ \vdots & \vdots & \vdots & & \vdots \\ \varXi_{m,1} & \varXi_{m,2} & \varXi_{m,3} & \cdots & \varXi_{m,n} \end{bmatrix} \tag{5-36}$$

设对某相同功能的链路抽取出来，得到如下的向量：

$$[\theta_{i,1} \quad \theta_{i,2} \quad \theta_{i,3} \quad \cdots \quad \theta_{i,x}] \tag{5-37}$$

再将 SC 对组合链路的“偏好度”抽取出来，形成如下的向量：

$$[\varXi_{i,1} \quad \varXi_{i,2} \quad \varXi_{i,3} \quad \cdots \quad \varXi_{i,x}] \tag{5-38}$$

那么对于完成某一相同功能的服务组合链路的某一组合链路 L_j，SC 实体对 L_j 评价的服务质量与“偏好度”可能存在如下情况。

(1) 服务质量 $\theta_{i,j}$ 与 $\varXi_{i,j}$ 评价值均高。这表示 L_j 组合对此 SC“偏好度”高，而且 SC 得到的服务质量绝对值也高。说明 SC 在请求服务组合时，应该选择这类组合链路。

(2) 服务质量 $\theta_{i,j}$ 高，而 $\varXi_{i,j}$ 评价值低。表明此 SC 实体虽然得到了较高的服务质量，但是对比其他 SC 实体来说，它的“偏好度”比较低，得到的服务质量相对

其他 SC 来说是偏低，隐含着说明此组合链路 L_j 自身的服务质量较高 (因为“偏好度”不高的 SC 实体得到的服务也较高)。但正因为“偏好度”低，当其他 SC 实体同时申请服务组合时，此 SC 实体请求的服务质量可能得不到保证。

(3) 服务质量 $\theta_{i,j}$ 低，而 $\Xi_{i,j}$ 评价值高。这种情况隐含着此组合链路 L_j 自身的服务质量较低，但与此 SC 实体的“偏好度”较高。

(4) 服务质量 $\theta_{i,j}$ 低与 $\Xi_{i,j}$ 评价值均低。说明组合链路 L_j 自身的服务质量较低，而此 SC 实体得到的服务质量低于 L_j 的平均水平。

本章 SC 实体的“偏好性”是对以往研究的发展，在以往研究中指出了对不同的组合路径，SP 实体存在依赖关系，还未指出 SC 对组合链路的“偏好度”。而 SC 实体的“偏好度”揭示了 SC 实体与组合路径间也存在类似的依赖关系，存在上面所述的 4 种情况。从直观来说，SC 实体应该选择“偏好性”与组合质量都高的组合路径 (第一种情况)，但实际情况往往是复杂的，但本节的对 SC 实体的“偏好性”计算为服务组合提供了基础性的数据，其具体的服务组合策略在 5.4.5 节论述。

5.4.3 服务实体的“偏好度”计算

在前面计算出 SC 实体对服务组合的“偏好性”外，实际上，对于 SP 实体例如 V_s 对不同的组合链路也有不同“偏好性”，下面给出其计算方法。

在 SC 的直接链路矩阵 $Q_{\text{link}}^{\text{direct}}$ 中，抽取包含 SP 实体 V_s 而且实现同一功能的服务组合链路形成如下的组合链路矩阵：

$$Q_{\text{link}}^{vs} = \begin{bmatrix} P_{1,1} & \cdots & P_{1,i} & V_s & \cdots & P_{1,i+m} \\ P_{1,1} & \cdots & P_{1,i} & V_s & \cdots & P_{y,i+m} \\ P_{2,1} & \cdots & P_{2,i} & V_s & \cdots & P_{2,i+m} \\ \vdots & & \vdots & \vdots & & \vdots \\ P_{x,1} & \cdots & P_{x,i} & V_s & \cdots & P_{x,i+m} \end{bmatrix} \begin{bmatrix} \vartheta_1^{1\to} \\ \vartheta_1^{2\to} \\ \vartheta_1^{3\to} \\ \vdots \\ \vartheta_x^{j\to} \end{bmatrix} \tag{5-39}$$

将矩阵 (5-39) 中每一个到达 SP 实体 V_s 路径相同的组合链路都形成一个矩阵，例如对于从开始到达 V_s 的路径为 $[P_{1,1}\ P_{1,2}\ \cdots\ P_{1,i}\ V_s]$ 路径，形成如下所示的矩阵 (5-40)，在矩阵 (5-40) 中，位于实体 V_s 前的组合路径都是相同的，而过 V_s 后，组合路径不一定相同。

$$\begin{bmatrix} P_{1,1} & P_{1,2} & \cdots & P_{1,i} & V_s & \cdots & P_{1,i+m} \\ P_{1,1} & P_{1,2} & \cdots & P_{1,i} & V_s & \cdots & P_{2,i+m} \\ \vdots & \vdots & & \vdots & \vdots & & \vdots \\ P_{1,1} & P_{1,2} & \cdots & P_{1,i} & V_s & \cdots & P_{x,i+m} \end{bmatrix} \begin{bmatrix} \vartheta_1^{1\to} \\ \vartheta_1^{2\to} \\ \vdots \\ \vartheta_x^{j\to} \end{bmatrix} \tag{5-40}$$

它代表的服务组合路径如图 5-1 所示。

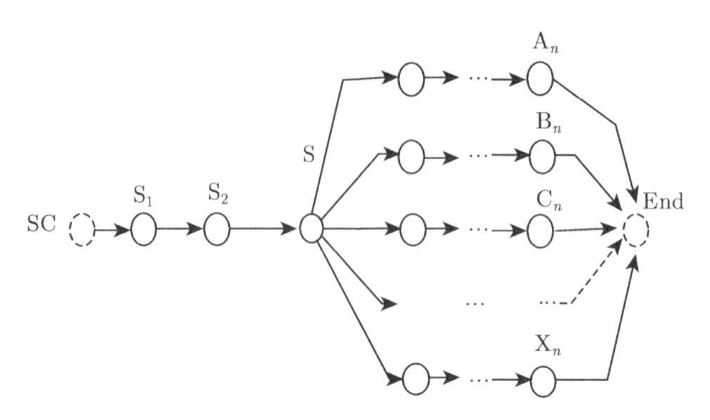

图 5-1　路径对服务选择的倾向性

它表明了如果在前面的组合路径已经确定的情况下，经过 SP 实体 V_s 后不同的路径所能够得到的服务质量情况，可见对于同样的 V_s，选择不同的链路得到服务组合的 QoS 是不相同的，也就是说 V_s 对某些链路具有偏好性，在某些链路中表现出较好的匹配性，因而导致得到的服务组合 QoS 比较高，而对某些链路不 “匹配”，因而其组合的 QoS 比较低。较全面的表征这种 SP 实体对不同组合路径的 “偏好性” 需要的代价较好，而且难以清晰为服务选择提供指导作用。因此，本章提出用 3 个度量指标来代表 SP 实体的偏好性，以提供整体的快速服务组合参考。这三个指标是指最大服务质量，平均服务质量、最小服务质量。具体论述如下：对于组合路径 $[P_{1,1}\ P_{1,2}\ \cdots\ P_{1,i}\ V_s]$ 为前导的服务组合，可以得到选择使得服务质量最大的组合路径以及得到的服务质量，如下面的向量所示：

$$[P_{x,1}\quad P_{x,2}\quad \cdots\quad V_s \max\{P_{x,i}\quad \cdots\quad P_{x,i+m}\}]\quad [\max(\vartheta_1^{1\to})]$$

采用同样的方法，对其他 SP 实体也可以得到类似于上面的向量，这样得到如下所示的矩阵。它表示前导组合路径 $[P_{1,1}\ P_{1,2}\ \cdots\ P_{1,i}]$ 确定的情况选择不同 SP 实体所能够得到的最大服务组合 QoS。

$$\begin{bmatrix} P_{x,1} & P_{x,2} & \cdots & V_s & \max\{P_{x,i} & \cdots & P_{x,i+m}\} \\ P_{x,1} & P_{x,2} & \cdots & V_k & \max\{P_{x,i} & \cdots & P_{x,i+m}\} \\ \vdots & \vdots & & \vdots & & & \vdots \\ P_{x,1} & P_{x,2} & \cdots & V_e & \max\{P_{x,i} & \cdots & P_{x,i+m}\} \end{bmatrix} \quad \begin{bmatrix} \max(\vartheta_1^{1\to}) \\ \max(\vartheta_1^{2\to}) \\ \vdots \\ \max(\vartheta_x^{j\to}) \end{bmatrix} \tag{5-41}$$

经过类似上面的分析，可以得到前导组合路径 $[P_{1,1}\quad P_{1,2}\quad \cdots\quad P_{1,i}]$ 确定的情况选择不同 SP 实体所得到服务组合的平均 QoS。如下面的矩阵所示：

$$\begin{bmatrix} P_{x,1} & P_{x,2} & \cdots & V_s & \text{avg}\{P_{x,i} & \cdots & P_{x,i+m}\} \\ P_{x,1} & P_{x,2} & \cdots & V_k & \text{avg}\{P_{x,i} & \cdots & P_{x,i+m}\} \\ \vdots & \vdots & & \vdots & & & \vdots \\ P_{x,1} & P_{x,2} & \cdots & V_e & \text{avg}\{P_{x,i} & \cdots & P_{x,i+m}\} \end{bmatrix} \begin{bmatrix} \text{avg}(\vartheta_1^{1\to}) \\ \text{avg}(\vartheta_1^{2\to}) \\ \vdots \\ \text{avg}(\vartheta_x^{j\to}) \end{bmatrix} \tag{5-42}$$

也可以得到前导组合路径 $[P_{1,1} \quad P_{1,2} \quad \cdots \quad P_{1,i}]$ 确定的情况选择不同 SP 实体所能够得到的最小服务组合 QoS。如下面的矩阵所示：

$$\begin{bmatrix} P_{1,1} & P_{1,2} & \cdots & V_s & \min\{P_{1,i} & \cdots & P_{1,i+m}\} \\ P_{2,1} & P_{2,2} & \cdots & V_k & \min\{P_{2,i} & \cdots & P_{2,i+m}\} \\ \vdots & \vdots & & & & \vdots & \\ P_{x,1} & P_{x,2} & \cdots & V_e & \min\{P_{x,i} & \cdots & P_{x,i+m}\} \end{bmatrix} \begin{bmatrix} \min(\vartheta_1^{1\rightarrow}) \\ \min(\vartheta_1^{2\rightarrow}) \\ \vdots \\ \min(\vartheta_x^{j\rightarrow}) \end{bmatrix} \tag{5-43}$$

以上对服务组合的指导作用是：当服务组合向前推进时，如何选择不同的 SP 实体时的选择依据。Max 代表选择此 SP 实体所能达到的最大 QoS，而平均值反映了经过此实体的偏差程度，也就是成熟程度，稳定程度。最小值表示最坏情况下所能得到的服务组合质量。

5.4.4 服务组合实体的信任分区

将 SP 实体、SC 实体、组合链路分成三个区，分别是白区、灰区、黑区。

(1) 白区：表示依据实体自身的直接信任关系得到评价的实体，白区内的实体表示对服务组合的申请者来说对白区内的实体的可信度是可知的，能够确切知道的。因此，可以完全了解这些，也就说对这些实体是否可信，可信度如何，服务质量如何都是能够确定的，准确程度最高的。

白区包括的内容如下：

(A)SC 实体 c_i 对 SP 实体的服务质量的评价

$$\Im_{\text{normal}}^{\text{direct}} = [\Im_{1,1} \quad \Im_{1,2} \quad \Im_{1,3} \quad \cdots \quad \Im_{1,n}]$$

(B)SC 实体 c_i 对 SP 实体的直接综合信任度矩阵

$$A_i^{\text{direct}} = [A_{i,1} \quad A_{i,2} \quad A_{i,3} \quad \cdots \quad A_{i,n}]$$

(C) 得到 SC 实体 c_i 对 SC 实体的综合信任评价向量为

$$\xi_{\text{integrate}}^{i} = \begin{bmatrix} \gamma_1^i & \gamma_2^i & \gamma_3^i & \cdots & \gamma_n^i \end{bmatrix}$$

(D) SC 实体 c_i 对组合链路的评价值

$$\theta_{i,}^{\text{direct}} = [\theta_{i,1} \quad \theta_{i,2} \quad \theta_{i,3} \quad \cdots \quad \theta_{i,n}]$$

(2) 灰区： 依据信任推理系统推导出来的间接的服务质量与信任度的评价结果。

灰区中的实体表示对这些实体的有一定可信度的评价结果，它是根据白区内的直接信任关系推导出来的。由于信任的可信度是随着信任路径的增长而几何级下降，因此，在本章中只进行二层信任推理。与以往泛化信任推理不同，本章将信任推理限制在可信实体间，从而保证得到的信任推理的可信性。

从白区可得到对实体 SC 的评价，从评价向量中抽取信任度大于一定阈值 (如 ε) 的 SC 实体作为可信推理的出发点，可信的 SC 实体集合如下面的向量所示：

$$\xi_{\text{integrate}}^{i} = \begin{bmatrix} \gamma_1^i & \gamma_2^i & \gamma_3^i & \cdots & \gamma_x^i \end{bmatrix} \tag{5-44}$$

从 SB 系统中得到这些 SC 实体对 SP 实体的服务质量评价矩阵 (5-45) 以及信任评价矩阵 (5-46)：

$$Q_{\text{normal}}^{>\varepsilon} = \begin{bmatrix} Q_{1,1} & Q_{1,2} & Q_{1,3} & \cdots & Q_{1,n} \\ Q_{2,1} & Q_{2,2} & Q_{2,3} & \cdots & Q_{2,n} \\ \vdots & \vdots & \vdots & & \vdots \\ Q_{m,1} & Q_{m,2} & Q_{m,3} & \cdots & Q_{m,n} \end{bmatrix} \tag{5-45}$$

$$C_{\text{all}}^{>\varepsilon} = \begin{bmatrix} C_{1,1} & C_{1,2} & C_{1,3} & \cdots & C_{1,n} \\ C_{2,1} & C_{2,2} & C_{2,3} & \cdots & C_{2,n} \\ \vdots & \vdots & \vdots & & \vdots \\ C_{m,1} & C_{m,2} & C_{m,3} & \cdots & C_{m,n} \end{bmatrix} \tag{5-46}$$

可信的 SC 实体对组合链路的服务质量评价如前面论述的矩阵 $\vartheta_{\text{normal}}^{>\varepsilon}$(即式 (5-34))。

(3) 黑区：表示实体 SC 不能通过上面的信任演化关系得到的实体集合，即不在上面白区与灰区中的实体。黑区中的实体对 SC 实体来说完全不能确定的，完全未知的。

5.4.5 基于链路的快速服务组合策略

经过上面的分析，得到了进行服务组合的所有信息，下面论述基于链路组合策略的组成以及服务组合算法。基于链路的快速服务组合策略包括如下两个组成部分以及一个组合算法。

(1) 服务代理系统 (SB) 接受 SC 与 SP 实体服务组合产交互过程中的报告信息形成 SB 系统的服务质量与信任评价系统。SB 系统中的服务质量与信任评价结果不能保证是真实的，但可看成是一种泛化的信任推理系统，在服务申请者在没有形成个体信任评价系统前可以参考这种泛化的信任系统以指导服务组合。

(2) 实体个体的信任系统：实体在服务组合的交互中形成的以自己的直接信任关系为内核，加以推理而演化成的信任评价系统。

(3) 基于可信链路的服务组合算法：以上面两层信任系统为基础数据，在此基础上深入推理与揭示 SC 与组合链路间，SP 之间的“匹配”关系，然后，实体按照基于链路的组合策略进行服务组合算法。

因此，本节首先总结 SB 系统的服务质量与信任评价系统以及实体个体的信任系统的建立方法；然后给出基于链路的服务组合算法。

首先给出 SB 系统的服务质量与信任演化方法，方法 5-1 是其形式化描述。

方法 5-1 服务代理系统的服务质量与信任评价方法。

输入：服务组合组成的 3 部分，服务实体宣称的服务质量矩阵 $Q_{\text{all}}^{\text{self}}$ 以及交互过程，执行主体为服务代理 (SB)。

输出：每一个 SC 实体对每一个 SP 服务实体的 QoS 评价矩阵 $Q_{\text{normal}}^{\text{report}}$ 以及对组合链路的 QoS 评价矩阵 $\vartheta_{\text{normal}}^{\text{report}}$，对 SP 实体信任评价矩阵 $C_{\text{all}}^{\text{report}}$。

(1) 令 $t=0$。

(2) 系统对实体 c_i 服务组合后向 SB 报告的服务组合链路的服务质量，加入到 $Q_{\text{link}}^{\text{report}}$ 矩阵中，并对 $Q_{\text{link}}^{\text{report}}$ 受影响的实体与链路做如下动作：

{

(2.1) 用式 (5-8) 和式 (5-9) 重新计算 c_i 与实体 p_j 相关的服务质量评价，更新 $Q_{\text{normal}}^{\text{report}}$ 矩阵中的 $Q_{i,j}$ 的值；

(2.2) 采用类似于式 (5-8) 和式 (5-9) 重新计算 c_i 对链路 L_j 相关的服务质量评价，更新 $\vartheta_{\text{normal}}^{\text{report}}$ 矩阵中的 $\vartheta_{i,j}$ 的值；

(2.3) 用式 (5-14)~(5-16) 计算实体 c_i 对实体 p_j 的信任值评价 $\phi_{i,j}^{(t)}$；

(2.4) 用上面计算得到的值 $\phi_{i,j}^{(t)}$ 更新信任矩阵 $\phi_{\text{all}}^{\text{report}}$ 中相应的值；

(2.5) 用类似于式 (5-9) 的方法计算更新信任评价矩阵 $C_{\text{all}}^{\text{report}}$ 中 $C_{i,j}$ 的值。

}

End

服务实体 c_i 在服务组合的过程中，会建立自己的信任与服务质量评价系统，下面给出服务实体 c_i 个体评价系统的计算方法 5-2。

方法 5-2 构造 c_i 实体的个体评价系统的方法。

输入：服务实体交互过程。

输出：实体 c_i 对其他所有直接交互过的 SP 实体的服务质量评价向量 $\Im_{\text{normal}}^{\text{direct}}$，信任评价向量 A_i^{direct}；对其他 SC 实体的综合信任评价向量 $\xi_{\text{integrate}}^i$。

(1) 设时间 t，实体 c_i 每次服务组合后，得到的第 j 条服务组合链路的 QoS 情况更新组合链路服务质量矩阵 $Q_{\text{link}}^{\text{direct}}$ 中与第 j 条服务组合链路相同的链路，更新的原则是：如果第 j 条服务组合相同的链路已经有 κ 条记录，则替换掉离当前时间最长的链路的记录，否则，增加到矩阵 $Q_{\text{link}}^{\text{direct}}$ 中。

(2) 从矩阵 $Q_{\text{link}}^{\text{direct}}$ 中抽出与链路 j 相同的所有组合链路，其组合链路的服务质量评价如下面的向量所示：

$$[\theta_{i,j}^{(t-w)} \quad \theta_{i,j}^{(t-w+1)} \quad \theta_{i,j}^{(t-w+2)} \quad \cdots \quad \theta_{i,j}^{(t)}]$$

按照式 (5-8) 和式 (5-9) 的计算方法得到 SC_i 对第 j 条服务组合链路的综合服务质量评价为 $\theta_{i,j}$，然后用此 $\theta_{i,j}$ 更新实体 c_i 对组合链路的直接服务质量评价矩阵 $\theta_{i,j}^{\text{direct}}$ 相对应的项。

$$\theta_{i,j}^{\text{direct}} = [\theta_{i,1} \quad \theta_{i,2} \quad \cdots \theta_{i,j} \quad \cdots \quad \theta_{i,n}]$$

(3) 实体 c_i 对 SP 实体的直接服务质量与信任度的评价。

做如下动作：

{

(3.1) 依据更新后的 $Q_{\text{link}}^{\text{direct}}$ 中更新项来更新 $\Im_i^{\text{direct}}$ 相对应的服务质量的数据项；

(3.2) 用类似于式 (5-9) 计算 c_i 对所有 SP 的直接 QoS 评价矩阵 $\Im_{\text{normal}}^{\text{direct}}$；

(3.3) 用计算得到的 SP 实体直接服务质量评价矩阵 $\Im_{\text{normal}}^{\text{direct}}$ 与其宣称服务质量的差异值；然后，依据式 (5-15) 与式 (5-16) 类似的计算方法，结合 Q_i^{self} 和 $\Im_i^{\text{direct}}$ 矩阵可以很容易的得到如下对 SP 实体的直接信任矩阵 ϕ_i^{direct}；

(3.4) 依据 ϕ_i^{direct} 运用与式 (5-8) 和式 (5-9) 类似的方法可以得到实体 c_i 对 SP 实体的直接综合信任度矩阵：

$$A_i^{\text{direct}} = [A_{i,1} \quad A_{i,2} \quad A_{i,3} \quad \cdots \quad A_{i,n}]$$

}

(4) 与 c_i 直接交互的 SP 实体的集合为 v，实体 c_i 对与 v 直接交互的 SC 实体的直接信任度的评价计算如下：

{

(4.1) 用式 (5-26) 计算出其他 SC 实体 c_k 对 SP 实体的评价与 SC_i 评价的差异度：∇_{ik}^{j}；

(4.2) 用式 (5-27) 计算出 c_k 的信任值度：$\gamma_{k,i}^{j}$，并更新 SC_i 的信任矩阵 γ_{all}^{i}；

(4.3) 用式 (5-30) 计算 c_i 对其他 SC 的直接信任值度：$\xi_{\text{integrate}}^{i}$。

}

End

基于上述的两个方法，就得到较为全面反映 SC 与 SP 实体服务质量与信任的两层服务质量与信任评价系统，以此为基础，下面给出基于可信链路的快速服务组合算法。当某 SC 实体申请 c_i 请求 QoS 不低于 $\vartheta_{\text{o}}^{\rightarrow}$ 的服务组合时，组合算法依据的两大原则是：(A) 组合链路优先选择的原则：即服务组合时，以组合链路为优先选择对象，只有当服务质量与信任评价系统中无满足需求的组合链路时，才对服务组合进行重新组合。(B) 信任程度高的实体优先原则：白区内的评价值是最可信的，因此，服务组合中最先在白区内组合，其次为灰区，再次为黑区。这样传统的选择 QoS 高的 SP 实体组合的策略就相当于本章中在黑区内进行组合时，而且在 SB 系统中没有满足需求的组合链路时的情况 (即无组合链路又对实体的可信性无评价的情况)。

依据上面的分析，下面给出服务组合的主要思想。

(1)c_i 首先在自己的直接服务质量与信任评介系统 (白区) 中查找是否有满足需求的组合路径，如果有，则直接返回结果，否则依据在 SC 实体 c_i 对 SP 实体的直接综合信任度矩阵 A_i^{direct} 中选取信任度超过一定阈值的 SP 实体，依据传统的服务组合算法进行组合。如果还未能满足应用需求，则转到灰区评价系统查找。由于白区内评价系统中的评价值是可信度最高的，因此，在此区内得到的结果可信程度是最高的。

(2) 在灰区中进行服务组合又区分为如下两种情况。

(A) 如果灰区内间接服务质量与信任关系中能够直接得到满足 c_i 的组合路径，但可能满足 c_i 需求的组合路径有多个，而每条路径对 c_i 的服务质量不同，偏好性也不同，因此，采用加权的方法，选择加后权重最大的路径。

(B) 灰区评价系统中也没有满足需求的组合路径，则需要重新组合。重新组合的思想是：当目前选择的组合路径已经确定了第 1 个到第 i 个 SP 实体，即 $[p_1, p_2, \cdots, p_i, \cdots]$。现在选择第 i+1 个 SP 实体，因为当前面的组合路径确定后，可以依据式 (5-41)~(5-43) 计算出在第 i+1 步选择不同 SP 实体时所能够得到的最大、平均、最小的服务质量。前面指出了这三种指标对服务组合的整体质量都有影响。因此，采用加权的方法选择权重最大的 SP 实体。计算方法如下：

$$\Omega = \alpha(\max) + \beta(\text{avg}) + (1 - \alpha - \beta)(\min) \tag{5-47}$$

当第 i+1 步的选择确定后，依据同样的方法选择第 i+2 步，直到整个服务组合路径确定。

(3) 黑区内的服务组合思想：如果在灰区内仍然无法得到满足需求的服务组合，或者在服务申请刚刚进行服务组合环境的情况下，它没有建立自己的个体服务质量与信任评价系统。因此，它只能采用 SB 系统的服务质量与信任评价系统中的信息。如果 SB 系统中有满足需求服务组合链路 (从式 (5-13) 中选择)，则返回组合路径以及组合路径的服务质量。否则，只能按照传统的服务组合方法：即选择高 QoS 的 SP 实体来组合成服务组合。

基本组合链路的服务组合算法 5-1。

输入：SC 实体 c_i 请求 QoS 不低于 $\vartheta_{\text{o}}^{\rightarrow}$ 的服务组合。

输出：服务组合路径，以及预计能够得到的组合路径的 QoS 的值 Θ。

(1) 如果白区内的直接服务组合链路评价矩阵 $\theta_{i,}^{\text{direct}}$ 中有满足请求且 QoS 不低于 $\vartheta_{\text{o}}^{\rightarrow}$ 的服务组合，则直接返回满足请求且 QoS 最大的服务组合路径，转算法结果：

$$\Theta = \max\{[\theta_{i,1} \quad \theta_{i,2} \quad \theta_{i,3} \quad \cdots \quad \theta_{i,n}]\}$$

//在白区内直接快速的得到满足用户需求的组合路径。

否则，依据在 SC 实体 c_i 对 SP 实体的直接综合信任度矩阵 A_i^{direct} 中选取信任度超过一定阈值的 SP 实体，则依据灰区内重新服务组合算法进行组合 (见下面的第 D 步)；

如果还未得到满足需求的服务组合则转第 (2) 步。

(2) 在灰区内的服务组合选取策略。

(A) 依据 SC 实体的 “偏好性”，得到 SC 实体对不同服务组合链路的服务质量的评价向量和 “偏好性” 向量：$[\theta_{i,1}\ \theta_{i,2}\ \theta_{i,3}\ \cdots\ \theta_{i,x}]$ 和 $[\Xi_{i,1}\ \Xi_{i,2}\ \Xi_{i,3}\ \cdots\ \Xi_{i,x}]$；

(B) 如果 “偏好性” 向量中有一个组合链路的 QoS$\geqslant \vartheta_{\text{o}}^{\rightarrow}$，则选取 $\Omega = \varpi\theta_{i,j} + (1-\varpi)\Xi_{i,j}$ 最大的组合中径，这时的 $\Theta = \theta_{i,j}$，转结束；

(C) 如果没有一个满足需求，则说明以往组合中还未有达到 c_i 需求的组合路径，则需要依据灰区的信任与 SP 实体间的偏好性进行重新服务组合，则转下一步；

//Ω 是在服务质量与对 SC 的 “偏好性” 间的折中。

(D) 选择 Ω 最大的组合路径，并选择定第一个 SP 实体，依据选定的 SP，在前面选定 i 个 SP 情况下的依据相似向量的类比法，确定与哪个组合路径最接近，并依据式 (5-41)~ 式 (5-43) 计算出在第 i+1 步选择不同 SP 实体时所能够得到的最大、平均、最小的服务质量，采用式 (5-47) 计算加要的权重 Ω。

选择 Ω 最大的组合路径，然后继续重复刚刚这个步骤向下推理，直到组合完成。

如果在灰区内仍然不能满足，则转到黑区内组合。

(3) 在黑区内的服务组合选取策略 (对可信性无保障)。

SC 实体 c_i 先从式 (5-13) 的矩阵 $\vartheta_{\text{normal}}^{\text{report}}$ 中选取满足需求的组合路径，如果没有满足需求的服务组合，则依据传统的服务组方法从式 (5-11) 的矩阵 $Q_{\text{normal}}^{\text{report}}$ 中选取 QoS 高的 SP 实体来组合。

5.5 模型分析与实验结果

5.5.1 模型分析

文献 [46] 认为如果合成服务图中的结点 (相当于图 5-4 中的节点) 个数记为 n，其对应的服务结点都有 m 个服务提供者，那么求解服务组合 QoS 优化问题的

解向量空间大小为 m^n。实际中，服务组合图中的服务节点对应的服务提供者并不一定是 m，我们假设第 i 个节点对应的服务提供者个数为 m_i，那么可以得到求解服务组合 QoS 优化问题的解向量空间大小为

$$\Theta(\text{Comp}) = m_1 \cdot m_1 \cdot m_1 \cdots m_n = \prod_{i=1}^{n} m_i$$

如果采用本章的可信演化策略，本章的可信演化策略起到的作用主要有两种情况：一是在寻找解空间时，直接找到满足需求的整条组合链路；二是每一个组合节点对应的 SP 实体经过可信演化后，可以将恶意 SP 实体排除，因而减少了算法的复杂性。设经过本章的策略后，在服务组合中一次可以得到整条路径的概率为 ε，对第 i 类实体能够排除 SP 实体的比例为 α_i。那么本章策略对于服务组合的快速性，我们有如下定理 5-1。

定理 5-1 采用本章的可信服务组合策略的求解空间与穷尽搜索服务组合算法的求解空间的比例为下式：

$$\frac{\varepsilon + (1-\varepsilon)\prod_{i=1}^{n}(1-\alpha_i)\prod_{i=1}^{n} m_i}{\prod_{i=1}^{n} m_i} \cong (1-\varepsilon)\prod_{i=1}^{n}(1-\alpha_i)$$

证明 依据文献 [14]，穷尽搜索算法的求解空间为 $\prod_{i=1}^{n} m_i$。采用本章的方法直接得到整条组合链路的概率为 ε，也就是 1 次可以得到解的概率为 ε；剩下的 $1-\varepsilon$ 的概率需要经过服务组合方法来求解，由于经过可信演化后，在第 i 步组合中可排除的 SP 实体个数为 $\alpha_i m_i$，剩下的求解空间为

$$\prod_{i=1}^{n}((1-\alpha_i)m_i) = \prod_{i=1}^{n}(1-\alpha_i)\prod_{i=1}^{n} m_i$$

综合以上，可得到本章组合策略的总求解空间为上面两部分的和，即

$$\varepsilon + (1-\varepsilon)\prod_{i=1}^{n}(1-\alpha_i)\prod_{i=1}^{n} m_i$$

与穷尽搜索算法的比就可得证。

实际上，本章并没有限定服务组合所采用的算法，但不管采用何种服务组合算法，本章的可信演化策略都减少的求解空间，从而使服务组合的求解速度提高。

图 5-2 给出了不同 α_i 下本章求解空间与穷尽搜索算法的比例，从图中可以看出，如果在可信演化过程中能够排除的非可信 SP 实体越多，求解空间越小，服务组合速度越快。从图 5-2 中可以看出当 α_i 达到 0.1 时，求解空间只穷尽搜索算法 1/3 左右。

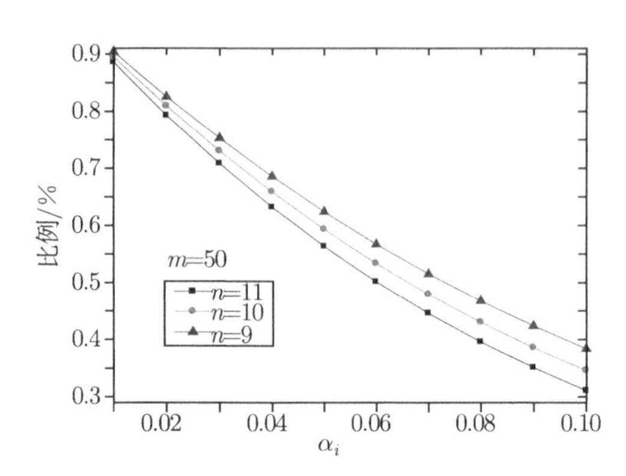

图 5-2 本章求解空间与穷尽搜索算法求解空间的比

已经有不少基于信任的 QoS 服务组合研究，本章与之相比有如下特点。

(1) 基于可信链路的快速组合。服务组合的最终结果是服务组合，但却很少有基于组合链路的服务组合算法。本章的基于可信链路的组合策略以链路优先的原则来进行服务组合，比单个服务的选择策略具有快速、可靠的优势。并采用组合链路优先、可信组合优先的两个组合原则，以保证服务组合的质量。

(2) 考虑了 SP 实体间的组合的“匹配”关系，以及 SC 实体与组合链路间的“匹配”关系。首先，本章的采用动态演化关系来推导 SP 实体间的“匹配”关系，能够随服务演化环境的进化而进化，即具有自适应的特征，具有很好的适用性；其次，揭示了 SC 实体对不同链路的“偏好性”关系，据我们目前的研究所知，本章首次采用可信演化的方法揭示与计算出这种偏好性。

(3) 同样采用了受限于可信实体间的信任演化，并对得到的可信度采用了不同的区分，如白区、灰区、黑区来表示。

5.5.2 实验参数设置

服务实体的产生，服务组合的产生与第 3 章的实验设置相同。

服务的“偏好性”按如下策略来设置：两实体间成功交互次数越多，成功交互次数占总交互次数的比例越高，对实体的可信评价值越高，SP 实体给予的 QoS 越高，即“偏好性”越好。它与实际社会交互中的模式类似，对老客户、可信的客户给予较高的“优惠”。在本章的实验中，初次成功的交互给予基本的 QoS，以后随着交互次数的增多而增长，当交互次数超过一定限度后，提供尽力而为的最大 QoS(在 SP 实体负载比较大的情况优先给予偏好性高的组合链路尽力而为的服务，而对偏好性低的组合给予较低的服务质量)。

实验开始运行后，每个 SP 实体都向服务代理报告自己的服务质量。然后，SC 实体不断地向 SP 实体发起服务组合的申请，选择 SP 实体的依据是本章的基于链路的服务组合算法，以及获得的服务组合路径的 QoS。每一次交互行为后，本章按 95% 的概率向服务代理报告此次交互行为的情况 (主要是服务质量的评价，以及获得的服务组合路径的 QoS)，同时依据本章的信任方法更新自己的信任信息。

5.5.3 基于信任推理与扩展的服务组合评测

本节给出实体服务质量与信任度的评价情况。首先实验 SP 实体在不同情况下的服务质量与可信度的关系。实际上，信任度的评价是对实体评价中最重要的因素，只有实体可信，它宣称的服务质量才可用，不可信实体宣称的高质量服务是不可用的，甚至是恶意的破坏性的。因此，下面先给出信任演化的试验结果，而信任评价结果其实也反映了服务质量，对可信实体来说，它的服务质量是与其宣称的服务质量相符的，可信度为其服务质量的调整系数。对于不可信实体，其服务质量是没有意义的。

图 5-3 实验的 A 类 SC 实体对 SP 实体的信任评价值 (A 类 SC 实体是真实的实体，它在 SB 系统中的评价值与自己的个体系统中的评价值是相同的)。从图中可以看出，可信的 SP 实体的可信度评价较高，而虚假的 SP 实体信任值较低。而 C 类 SP 实体不时提供真实与虚假服务，因而其信任值在 0 附近 (信任度的评价正向 10 个等到级，负向 10 个等级)。

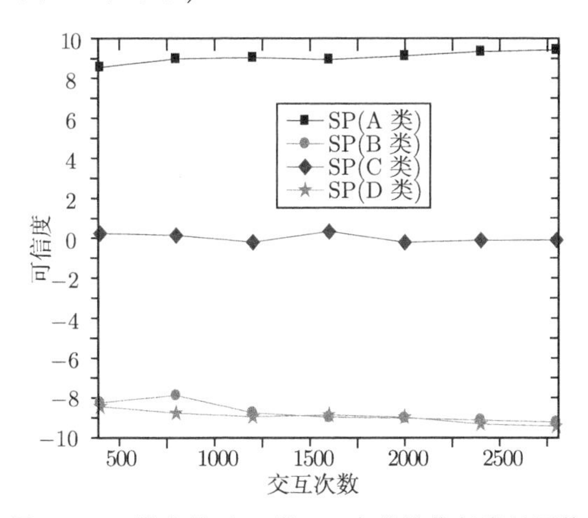

图 5-3 A 类实体对 4 类 SP 实体的信任度的评价

图 5-4 所示的是在各类实体的活跃度相同的情况下，随着服务组合的进行，不同类实体在服务代理 (SB) 系统中的信任度情况。在图 5-4 中，由于虚假实体的存在，因此，真实实体在公共系统中的平均评价并不是很高，因为总有一些虚假实体对它的评价降低了它的真实信任值。而 C 类 SP 实体评价的平均值接近 0，B 类实体是虚假的实体，但其信任度会随着并互次数的增长而上升的情况。这是因为，随

着服务组合的进行，真实的服务因为已经知道其信任度不高，不会再与其交互，因而缺少了对其的正确的负向评价，而只有虚假实体对其的虚假评价，因而出现反常的信任值上升的情况。而 D 类实体与 B 类实体同，但它有其共谋同伙，因而其信任度上升得更多。

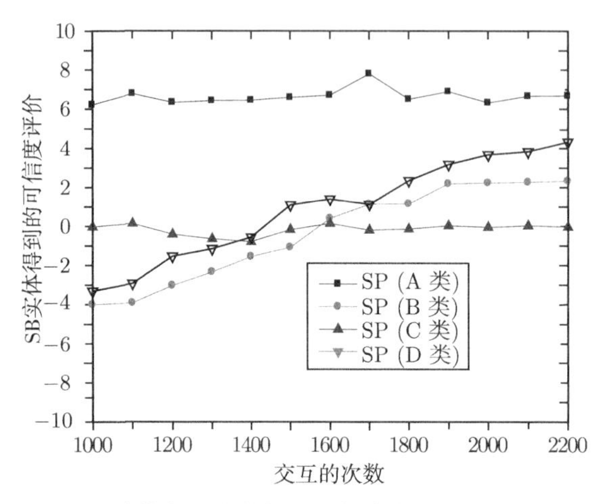

图 5-4 随着交互次数的增长每类实体的平均信任值

依据本章提出的策略服务组合，图 5-5 所示是的随着交互次数增多，服务组合在不同信任区域得到满足的情况，从图 5-5 可以看出当实体交互次数比较少时，服务组合在白区内 (图 5-5 中的 A 类服务区) 得到满足的比例比较小，大部分在灰区 (B 类服务区) 内完成。但随着交互次数的增多，在白区内完成的比例提高，随着在白区内完成的比例提高，在灰区内完成的比例下降，而整体来看，随着交互次数的增多，在黑区内完成的比例总是下降。

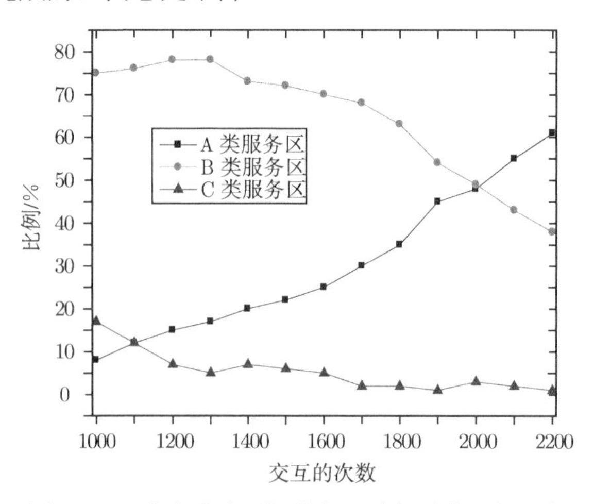

图 5-5 服务组合在不同信任区域得到满足的比率

图 5-6 表示的是随着信任演化系统的进行，服务组合的一次成功率也随之上升。服务组合一次成功率上升的原因是：当 SC 实体 c_i 第一次进入服务计算环境时，没有自己个体的信任评系统，因此，开始只能全部在黑区内进行服务组合，因而组合成功率不高。随着 c_i 交互的次数越多，c_i 越来越丰富自己的个体 QoS 与信任评价系统，也就是服务组合在白区与灰区系统内完成的比例越来越高。因此，服务组合的成功率越来越高。说明可信演化系统较好地保证了“好”服务之间的交互，而有效抑制恶意服务，因此，保证了系统的服务组合成功率。

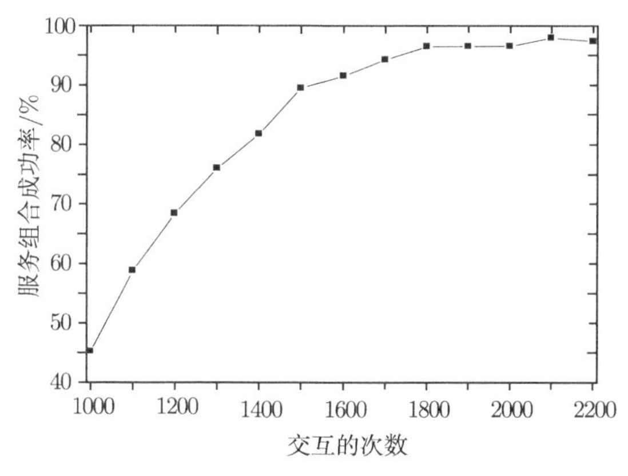

图 5-6 服务组合的一次成功率

图 5-7 表示的是服务组合算法的组合速度的情况，对于服务组合的速度分析如下：如果实体在白区内有服务组合路径，因为在这种情况下，服务组合路径的选取在组合链路中得到满足，则只是在自己的个体信任与服务质量评价向量 $\theta_{i,}^{\text{direct}}$ 中选取一个组合路径，需要查找的样本数最多是 $k-1$，如果不能从链路级上得到满足，则在白区内进行重新服务组合，而这时服务组合的可选样本数是向量 $\Im_{\text{normal}}^{\text{direct}}$ 中直接交互过中的 SP 实体，且这些 SP 实体的还排除了不可信实体，其组合速度较快，在这些 SP 实体上进行服务组合的复杂度与文献 [51] 相同 (取决于所采用的服务选择算法)，至少比组合链路选择的复杂度高一个数量级 (组合链路选择的是一个完整的组合路径，而服务组合需要多个服务选择组合成一个组合路径)。

如果在灰区内进行组合的话，其分析过程与白区内的分析过程类似，只是灰区内实体数量比白区多，因而组合时间比白区内要长。

而在黑区内进行服务的组合如果能够在组合链路级别上得到服务组合，其所需组合时间较小。而最差的情况就是在黑区内进行服务的重新组合，这就与一般仅考虑 QoS 的高低来进行服务组合策略的时间是一样的，而且这种组合策略也不会随着交互次数的增多而减少组合所需的时间。

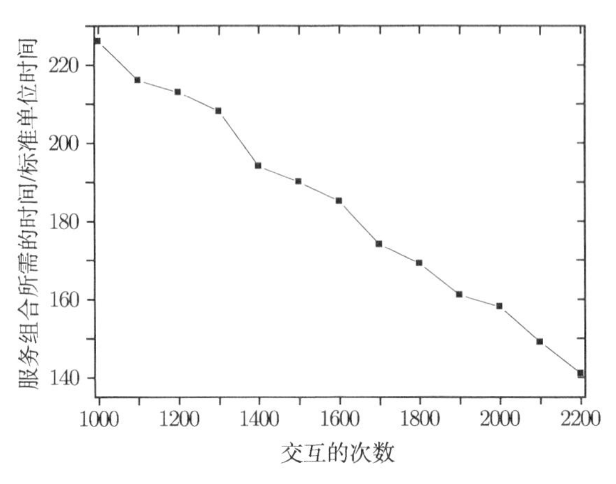

图 5-7　服务组合的速度

从上面分析可见本章的组合策略比一般算法在速度上有较好的提高，而且随着服务交互次数的增多，服务组合所需时间越少。

图 5-8 的实验结果表明本章的策略还具有识别共谋欺骗。在图中 A 类 SC 随着交互次数的增多，与 A 类 SP 交互的次数增多，而与其他类实体交互的次数减少，说明随着交互的进行，实体识别了虚假与共谋实体，从而不与其交互，避免受欺骗。

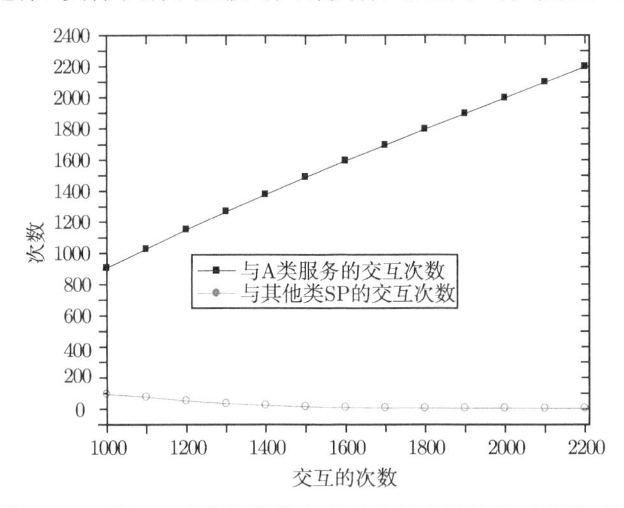

图 5-8　A 类 SP 实体与其他实体及实体内部的交互次数对比

图 5-9 所示的是对给定功能的某一服务组合重复进行 20 次服务组合，这 20 次服务组合选择的不同组合路径个数的情况，从图 5-9 可以看出随着交互次数增长，实体建立起服务实体之间的偏好性关系，这样，随着服务组合的进行，实体都会倾向于对自己有利的偏好性路径上。因而同一功能的服务组合往往选择上次成功且 QoS 高的组合路径，而且越是这样，越加强了偏向性，导致选择不同组合路径的概率非常小。

这个趋势好的一面是快速、能够有保障的得到服务组合，不利的一面是由于这种交互的惰性，导致陷入局部环境的可能，可能外部环境变化了，有更多的 QoS 更多的服务组合路径可替代时，而系统却不能发现。解决的办法是按一定比例选取新的组合路径，以发现新的高质量的组合路径，并丰富个体系统信息。

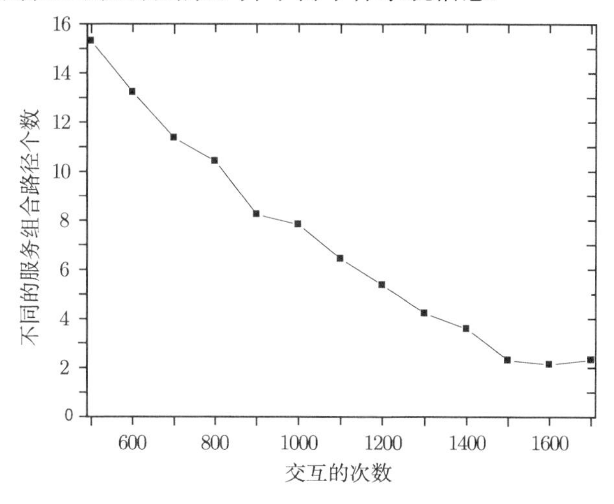

图 5-9 同一功能的服务组合选择不同组合路径的个数

图 5-10 所示的是在服务交互次数达到 1600 次后，在不同负载情况下，一般服务组合算法[24](图 5-10 中标记为策略 A) 与本章算法 (图 5-10 中标记为策略 B) 一次服务组合成功率的对比。负载是通过产生服务申请个数来衡量的，而 SP 实体设定在单位时间能够完成的申请数量，如果负责的申请服务个数超过预计的个数，

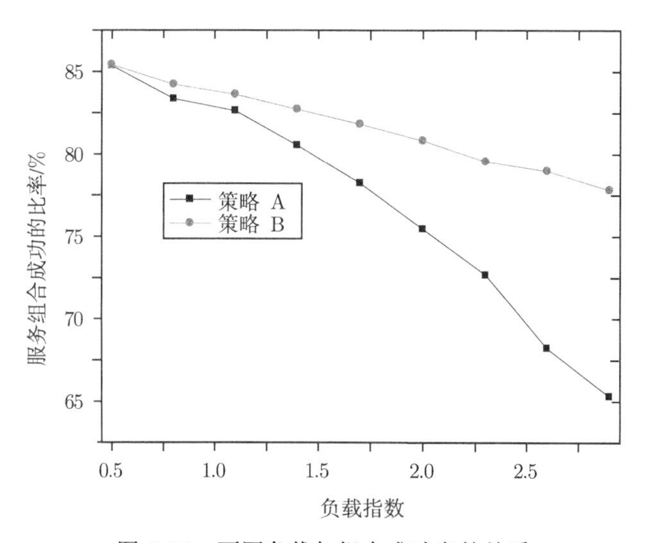

图 5-10 不同负载与组合成功率的关系

则拒绝提供服务 (服务组合失败)。从图中可以看出本章的算法考虑了服务申请者与组合路径间以及服务实体的偏好性问题，因而较为有序地向特定的服务提交服务请求，形成一种稳定的关系，而没有考虑 “偏好性” 的策略动态而没有一定规律的发起请求，因而导致在负载重的情况下服务组合成功率下降较快。这说明本章的策略具有较好的稳定性。

5.6　本章小结

本章基于服务的可信与服务组合间的依赖关系这两个影响服务组合质量的因素，首先通过建立 SB 与实体的个体的服务质量与信任评价系统，并通过这两层服务质量与信任评价系统的信任演化来获取 SP 服务实体、SC 实体、组合链路的服务质量与信任评价值。然后，提出了一种能够自适应调整的动态实体偏好性计算策略。在以上的基础上，提出一种基于可信链路的快速服务组合算法，模型分析与实验结果表明本章的策略具有较好的效果。

第6章　基于环境学习与感知的服务组合算法

6.1　概　　述

Web 服务组合其基本目标是针对不同的应用，从候选服务集合中选择一组服务，使得其 QoS 达到 Pareto 最优[107,108]。Web 服务组合结构一般采用如图 6-1 所示的业务结构图，服务组合结构图表示了服务组合之间的关系，它并不表示具体的服务实例，而是表示一种服务类型，其对应的具体服务实例是从互联网上各服务提供者中选取 (如图 6-1 中矩形框所示)，而椭圆形框表示服务间操作关系。

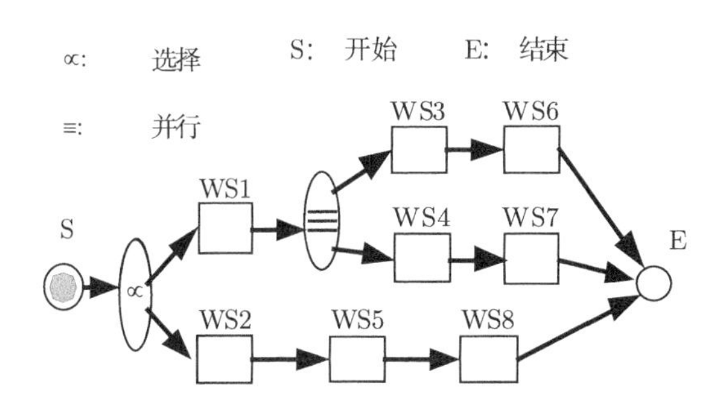

图 6-1　服务组合业务结构图

服务组合的优化问题已经证明是一个 NP 完全问题，因此基于生物进化方法具有一定优势[39]。粒子群算法 (PSO) 是 Kennedy 和 Eberhart 等[109] 于 1995 年提出的一种基于种群搜索的自适应进化计算技术：算法最初受到鸟类和鱼类集群活动的规律性启发，用组织社会行为代替进化算法的自然选择机制，通过种群间个体协作来实现对问题最优解的搜索。由于 PSO 算法概念简单、实现容易、参数较少、能有效解决复杂优化任务[110,111]，所以在过去几年中获得了飞速发展，并在图像处理、模式识别、多目标优化和游戏设计等很多领域得到广泛应用。但 PSO 算法运用到服务组合中还有一些值得注意的问题。

(1) 一般 PSO 算法缺乏对环境的感知与学习能力。服务组合面对的是一种动态变化的环境，但在频繁的服务组合请求之间存在着相互关系，即在上次求得最优解后，在很小的一段时间内，系统的周围环境只是很小的部分发生了变化，很多主要的参数还是保持不变。如果采用通用的 PSO 算法，则需要重新计算，即一般的

PSO 算法针对相同的问题运行 n 次的时间与第 1 次运行的时间是基本相同的，能够得到的最优解的概率也是相同的。这样就不太适用于反应速度要求高的，如电子商务的组合服务中，而且如果计算时间过长，而系统的更新速度较快，导致计算出来的结果已经不是当前的场景，也就不是当前的最优结果了。

我们注意到在现实生物界中，鸟觅食往往是具有记忆功能的，能够在觅食的过程中记住上次成功觅食的位置，即在上次觅食成功率高的位置往往在下次也有较高的成功率，这样能够加快搜索速度。运用到服务组合的 PSO 算法中，让粒子记住前面成功解的位置，作为下次求解时的优化的初始粒子种群，则可加速算法的收敛速度。

(2) 传统的 PSO 算法采用逐维渐近搜索逼近最优解的方法，而且各维间没有实现联动搜索，导致搜索速度较慢。相关的研究表明：粒子的各维存在相关性，某一维位置的变化并不能提高微粒的适应值, 只有当各维同时发生变化时才有可能提高微粒的适应值。而这种各维间的相互关系以及联动在已经提出的粒子群算法中未见有解决的方法。

实际上，鸟是有 “视觉” 的，它在其视觉范围内，觅食行为并不是随机搜索，它可以飞过不可能有食物的位置，也可以一次飞到最有可能有食物的位置，也就是说可以一次飞行很远，而不是每次一维粒度的渐近试探。

在服务组合中，粒子可以在交互中感知最优的组合路径，如果在交互中，发现某些路径段的组合不可能取得最优解，则可以在优化中排除，而对某些更接近最优解的路径，则在优化时就可以一次整个路径段同时 “滑行” 到较远的地方，而不需要逐维 “滑行”，从而实现几维粒子同时联动的方式。而把这段能够 “滑行” 到足够远的距离作为鸟的 “视距”，让鸟在视距范围内可以快速飞行到足够远的地方。

本章基于以上分析，提出一种新的基于环境感知的离散粒子群优化算法。主要针对服务组合对速度要求较高及离散量运算的特点，在对粒子的速度、速度的相关运算规则和粒子的运动方程进行重新定义的基础上，通过学习与感知环境来形成初始化较优的种群。同时，让服务实体在交互的过程中形成 “鸟的视距”，一次同时多维 “滑行”，使搜索速度得到较大的提高，可适应服务组合这种动态复杂变化的需要。分析与实验结果表明了这种算法的优越性。

6.2 一般微粒群算法与服务组合问题

6.2.1 服务组合的基本模型

本章所采用的服务组合模型为通用的服务覆盖网 (service overlay，SO)[33]，对应互联网的实际场景如图 6-2 所示。在互联网中每一个服务提供节点提供一个或者多个服务，如图 6-2 所示的节点 n_1 提供 $S_{8\text{-}2}$ 和 S_1 两个服务，节点 n_3 提供 $S_{3\text{-}2}$、$S_{2\text{-}2}$ 和 $S_{3\text{-}3}$ 三个服务。服务中的编号的意思与 2.3.2 节的意思相同，S_{i-j} 表示第 i 类服务的第 j 类副本，这样形成服务覆盖网 (SO)。

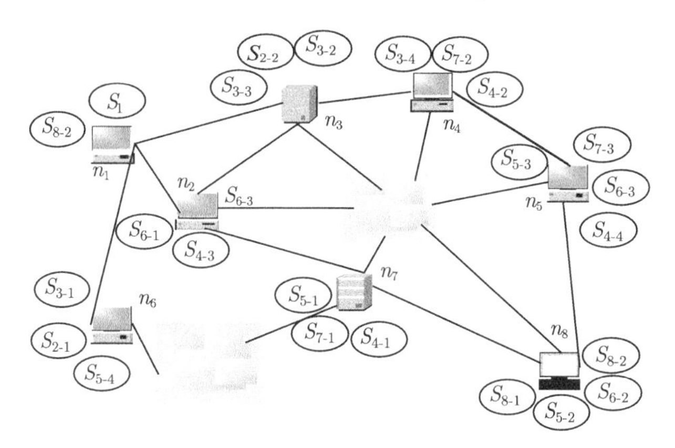

图 6-2 服务覆盖网络图

定义 6-1 一个 Web 服务可以用下面的表达式来描述：

$$\mathrm{WS}_i = (I_i, O_i, \mathrm{Res}_i, \mathrm{QoS}_i) \tag{6-1}$$

其中，WS_i 是 Web 服务的名字；I_i 是该服务的输入集合，O_i 是该服务的输出集合。QoS_i 是表示服务 WS_i 在服务质量参数上的约束，对于服务 WS_i 的共有服务质量维数 $Q_i=\{q_{i,1},\cdots,q_{i,k}\}$。

定义 6-2 服务组合业务图 (services composition business graph，SCBG)：是指依据服务组合的业务逻辑关系确定的各服务类型间相互关系的组合图。如图 6-1 所示。在服务组合业务逻辑图中的服务是指一种服务的类型，而不是具体的服务实例，属于此类型的服务实例均可以完成此类型所代表的活动。用二元组可以描述为 WCL=(W_{model}, CL)，其中：

(1)$W_{\mathrm{model}}=\{W_1,W_1,\cdots,W_N\}$为服务类型的集合，其中 $W_1,\cdots,W_N$ 表示服务组合的 N 个参与的服务类型；

(2)CC$\subseteq W_{\mathrm{model}}\times\varphi\times W_{\mathrm{model}}$ 为组合控制 (composition control) 的集合，控制结构运算符 φ 定义为从 W_{model} 到 W_{model} 的控制转换关系，WfMC 定义的 4 种基本模型[10]：顺序、选择、并行、循环。

定义 6-3 服务组合实例图：将服务覆盖网中的实际服务实例依据定义 6-2 的服务组合业务逻辑图组成如图 6-3 所示的服务组合实例图。在图 6-3 中用 S_i 表示具有完全相同的输入输出接口、能够实现相同功能，但 QoS 属性不同的一组服务，选择这类服务中的任何一个都可完成相应的任务，而且具有相同服务功能的服务组合可以有多条组合路径。

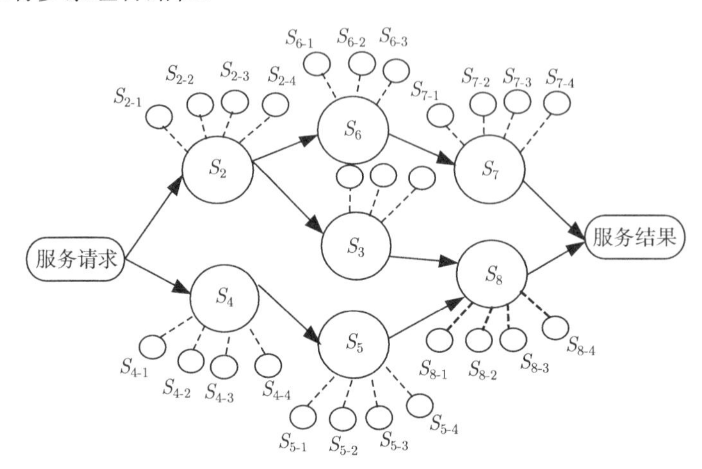

图 6-3　服务组合实例图

定义 6-4　服务的上下游：对于两个服务实例 S_i 和 S_j，如果 S_i 的 O_i 对应 S_j 的 I_i 则称 S_i 是 S_j 的“上游”，S_j 是 S_i 的“下游”。

定义 6-5　服务组合的多约束条件下多目标最优：对于服务组合业务逻辑图，存在多个从源到终点的组合路径，依次从服务组合实例图中选取合适的服务形成所有可能服务组合，存在 $k(k \geqslant 2)$ 个约束条件 $C_i(i=1,\cdots,k)$，如执行时间、执行代价不高于 (低于) 某个值，同时，每一条从源点 S 到目的点 T 的服务组合 P 具有 $m(m \geqslant 2)$ 个非负的性能度量准则 $f_1,\cdots,f_m,P$ 为多约束条件下多目标最优非劣路径当且仅当 $\forall P^*(P^* \neq P)$，在 P 和 P^* 均满足约束 C_i 的条件下，对于所有的度量准则均使得 $f_i(p) \succ= f_i(p*)$，且至少存在一个目标 i 满足 $f_i(p) \succ f_i(p*)$。其中，$\succ=$ 和 $\succ$ 分别表示度量准则之间的不劣于和优于关系。

6.2.2　基本的粒子群算法

PSO 算法首先由 Kennedy 和 Eberhart 于 1995 年提出[109]。基本 PSO 公式如式 (6-2) 所示。假设搜索空间是 D 维的，粒子群中第 i 个粒子的位置用 $x_i=(x_{i1},x_{i2},\cdots,x_{iD})$ 表示，第 i 个粒子的速度表示为 $v_i=(v_{i1},v_{i2},\cdots,v_{iD})$。第 i 个粒子迄今搜索的最好位置记为 $p_i=(p_{i1},p_{i2},\cdots,p_{iD})$，整个粒子迄今搜索到的最好位置记为 $p_g=(p_{g1},p_{g2},\cdots,p_{gD})$。对于每一个粒子，其第 d 维 $(1 \leqslant d \leqslant D)$ 根据如下等式变化：

$$\begin{cases} V_{id}=w\times V_{id}+c_1\cdot r_1\times(P_{id}\times X_{id})+c_2\cdot r_2\times(p_{gd}-X_{id}) \\ V_{id}=V_{\max}, \quad V_{id}>V_{\max} \\ V_{id}=-V_{\max}, \quad V_{id}<-V_{\max} \\ X_{id}=X_{id}+V_{id} \end{cases} \tag{6-2}$$

其中，r_1，r_2 是介于 [0,1] 的随机数；C_1，C_2 是加速度系数；w 是惯量因子。$V_{\max}$ 是常数，限制了速度的最大值，由用户设定。

6.3 基于环境感知的粒子群思想

在一般的粒子群算法中，求解的问题是抽象的，没有能够承载与记忆每次求解内容的载体，难以对求解的环境进行感知。导致即使是针对同一个问题，第 n 次求解的时间与第 1 次的时间都相同，而服务组合不同，服务组合的一条完整的组合路径为粒子群中的一个粒子，而组合路径中的每一个具体的服务是粒子中的一维，而每一个服务实例是可以记忆与感知求解的环境，从而指导后面到来的服务组合请求，这样服务组合的粒子群算法就可以对环境进行感知了。

1. *算法对觅食环境的感知*

粒子感知环境是以对以往成功求解的记忆。因此，在本章提出粒子对环境认知方法，具体来说可采用表 6-1 的方式来认知环境：每一个服务实例记忆了最近交互过程中产生的最优的前 k 条组合路径。如表 6-1 所示，服务 i 记录了最近交互的距离为 1 维的 k 条组合路径，同时也记录了距离为 2 到 m 维的最近的 k 次最佳组合路径情况。

表 6-1 服务实例 i 的环境感知表

编号	路径 1		路径 2		···	路径 m	
	path	QoS	path	QoS	···	path	QoS
1	5	0.97	5,9	0.88	···	89	0.68
2	11	0.84	11,21	0.79	···	94	0.62
3	15	0.77	15,32	0.72	···	103	0.52
⋮	⋮	⋮	⋮	⋮		⋮	⋮
k	21	0.69	22,35	0.71	···	134	0.50

2. *初始的优化粒子种群的形成*

模仿鸟利用以往成功经验指导后面觅食的过程，主要体现在粒子群初始化时以优化的种群作为基础，然后在此基础上进行优化，这样初始的种群不再是随机的，而是较优的种群，这样较能够容易收敛到最优解。

初始粒子群的产生依据如下原则，如果服务组合的环境没有变化，则系统直接可以返回上次求得的最优解。如果组合环境有变化，则产生较优的初始种群，产生的办法是设系统需要初始种群个数为 r，变化的服务个数为 m，未变化的服务个数为 n。设

$$\rho = \frac{m}{m+n} \tag{6-3}$$

则初始种群中包含变化服务的粒子个数为 $\rho\cdot r$ 称为新粒子，种群中粒子各维服务实例均未变化的个数为 $(1-\rho)\cdot r$ 称为旧粒子。一般来说变化的服务包含的信息较多，应该让新粒子在初始种群中占优势，因此应该加大比例因子 ρ。可令

$$\rho=\frac{m}{m+n}+a \tag{6-4}$$

a 为一个常量，使新粒子在初始种群中占优。

产生 $(1-\rho)\cdot r$ 个旧粒子的方法是对图 6-1 所示的起始服务类所对应的服务实例集合，选择集合中到达终点的前 $(1-\rho)\cdot r$ 个的记录即可。

产生 $\rho\cdot r$ 个新粒子的方法是：对于所有变化的服务，求出其所有“上游”服务到达终点的记录，选择前 $\rho\cdot r$ 个。

对于环境的变化实际上有两种可能：一是环境没有任何变化；二是有变化但不足以影响结果，我们称之为“伪变化”。对于环境的“伪变化”，有如下定义。

定义 6-6(全拓扑排序)　服务的 QoS 质量完全的拓扑排序：将属于提供相同功能的服务实例按相同的 QoS 属性顺序，对每一维都能够严格地按同样的排序原则 (降序或者升序排列) 排序，能够进行这种排序的服务称为全拓扑排序服务实例。如二服务，S_i,S_j。QoS 属性有代价、执行时间、处理能力、声誉，其顺序为 $\{\mathrm{Cost},\mathrm{Time},\mathrm{Capality},\mathrm{repute}\}$。当排列顺序为 $\{12,60,80,200\}$，$\{15,80,50,100\}$ 时为全拓扑排序。

定理 6-1(环境伪变化不改变优化路径)　如果某一类服务模式变化后的服务能够进行全拓扑排序且不排在最高位，则称为环境伪变化。环境伪变化时系统优化的路径不会改变。

证明　服务组合的优化就是使其多个目标同时达到最优，即在 QoS 上的可行集 $(Q_1,Q_2,Q_3,\cdots,Q_n)$ 上得到满足以下优化目标：

$$\min f_1(X),\min f_2(X),\cdots,\min f_n(X) \tag{6-5}$$

对于任意两个服务 i 和 j：服务 i 的服务指标为 $\{\mathrm{QoS}_1^i,\mathrm{QoS}_2^i,\cdots,\mathrm{QoS}_n^i\}$，为此类服务拓扑排序的最高位，服务 j 的变化后的服务质量指标为 $\{\mathrm{QoS}_1^j,\mathrm{QoS}_2^j,\cdots,\mathrm{QoS}_n^j\}$。如果服务 i 和 j 还满足全拓扑排序关系，且 j 不在最高位，这说明服务 i 在每一维服务指标上都能够提供更高的服务质量。很显然，在多目标优化中应该选取虽然服务 i 而不是服务 j，这说明服务 j 的变化还不足以影响目标优化的结果。

3. 算法对鸟觅食“视距”的模拟

体现在粒子一维上的纵向“滑行”与多维的同时联动两个方面。

(1) 在同一维上，显然，对于能够拓扑排序的服务实例，可以一次“飞到”最优的位置，而不需要普通粒子群算法一样逐步逼近最优解。

(2) 多维的联合“滑行”：粒子的多维间存在相关性，因此，同时的多维联动，能够更快地提高算法的速度。具体采取的方法是：设正需要更新的粒子某维，则从环境感知表中获得其“下游”维的服务，如果获得“下游”维的服务也正是其要飞行的方向，则一次将“下游”维同时更新；而对于变化的服务，由于系统不知道状况，因此还是采用传统逐维更新的策略。

6.4 基于环境感知的粒子群算法

6.4.1 算法概略

基于前面的分析，下面给出了基于环境感知的粒子群算法。

算法 6-1 基于环境感知的粒子群算法。

```
  (1)check the change of environment /* 感知环境是否变化 */
For each new service i hence last compute Do {
  If service i not in (can sort full topological and non-tiptop)
    //服务不在能够全拓扑排序且非最高位的位置
    NewServices= NewServices∪i }
If NewServices is NULL
     //there is no change of The environment
       { If have a successful path before then
          //环境没有变化则返回其上次最优值
        return the best result
        Goto end;                    /* 获得优化的结果并结束 */
       }
  //环境有变化或者第一次执行则继续
  (2) Initialize particle_swarm PS
  /* 初始化粒子群，得到初始较优的初始种群 */
  (3)For each Service i Do
  Delete which can full sort topological and non-tiptop service;
  /* 排除不可能获得最优解的服务 */
  (4)DO
  (5) for i=1 to particle_swarm_Size
  (6) calculate the fitness value f(x_i) of the ith particle
  (7) if f(x_i) > f(p_i) then p_i = x_i
  (8) p_g=max(p_i)
```

(9) for d=1 to Dimension_Size

(10) $v_{\rm id} = w \times v_{\rm id} + c_1 \times r_1 \times (p_{\rm id} - v_{\rm id}) + c_2 \times r_2 \times (p_{gd} - v_{\rm id})$

(11) $x_{\rm id} = x_{\rm id} + v_{\rm id}$

(12) $v_{\rm id} = V_{\max}$ if $v_{\rm id} > V_{\max}$

(13) $v_{\rm id} = -V_{\max}$ if $v_{\rm id} < -V_{\max}$

(14) If $x_{\rm id}$ and $x_{\rm id+1}^{\rm O}$ is an optimizing path in table1 and Qos of $x_{\rm id+1}^{\rm O}$ between $p_{\rm id-1}$ and $v_{\rm id+1}$

Then $x_{\rm id+1}$ take the next dimension position $x_{\rm id+1}^{\rm O}$ this path

/* 实现多维同时联动 */

(15) Next d

(16) Next i

(17) While termination criterion is met。

6.4.2 认知环境的创建

算法思想就是依据服务 i 求得的每一个优化结果来更新它的环境表，使环境表记录最新的优化结果。算法描述如下。

算法 6-2 认知环境的创建算法。

```
步骤 1  add the optimizaing results into environment table
//将优化结果增加到环境表中
 if service I get it's result in algorithm1
    Let the result is path j which is sk ...sg;
    Let the length of path j is L; /* 路径中服务个数 */
for u=1 to L
   If u dimension long table includes the item in which the value is
less than u long path
    /* 如果 u 维长的表格中有小于此 u 维长路径的值的表项，则替换 */
      Then replace。
步骤 2  delete noneffective paths //删除失效路径
   For each noneffective service of environment Do
      delete the item related in the environment table of service i
End
```

6.4.3 编码策略

在本章中，粒子的编码规划如下：首先对组合业务图 6-1 中的各个服务类的结点按顺序编号；其次，增加虚拟服务 S 和 E 作为服务组合的起始点和终止点，令服务组合业务图中节点的个数为粒子的 D 维，这样，对每一个给定的服务组合所包含的服务结点数目相同，因此采用整数定长编码的方式，将一条组合路径映射为粒子空间中的一个粒子；粒子体中第一个和最后一个粒子位置对应顶点 S 和 E，取值为 -1，粒子位置的每一维的取值服务组合业务图中相应位置对应的某一个服务实例的编号，如果对应位置的服务不在组合路径中，则取 0。

假设粒子 $X_i = (x_{i1}, x_{i2}, \cdots, x_{iD})$ 表示服务组合路径的一个解，其中 D 为 SCBG 图中顶点的个数，其编号是从上到下，从左到右编号。x_{i1} 和 x_{iD} 的取值是 -1，其他 x_{ij} 的取值为 0 或者服务实例的编号 (正的整数)。

例如，对于图 6-1 中的服务业务逻辑图对应的粒子编码如下所示：$X(-1,0,2,0,0,5,0,0,8,-1)$ 表示一条经过第 2，5，8 号服务实例的组合路径。

6.4.4 初始的优化粒子群集的生成

初始的优化粒子群产生的思想见 6.3 节，变化了的服务在 NewServices 集合中，设数量为 m，设未变化的服务个数为 n。具体过程见算法 6-2：假设种初始粒子群规模为 N，$\text{Constr}(S,T,W_{1-m})$ 表示从起始服务的表 6-1 中选择一个优化的从 S 到 T 组合路径，此组合路径只能从未变化的服务 $1-m$ 中选择；$\text{ConstrNew}(S,T,W_{1-n})$ 表示选择包含新服务从 S 到 T 的一条适应值优化的路径。以上路径如果不能从表 6-1 中选取时，则随机选取一条路径。

算法 6-3 particle_swarm PS。

输入：粒子群规模 K. 新服务个数为 m, 未变化个数为 n。

输出：PS。

Begin

(1) PS← ϕ

(2) $S_1 = \rho.k$； $//\rho$ 见式 (6-4)

(3) while ($|PS| < S_1$)

(4) PS←PS∪Constr(S,T,W_{1-m})

(5) while ($|\text{PS}| < k$)

(6) PS←PS∪ConstrNew(S,T,W_{1-n})

(7) Output PS

End

6.4.5 粒子的运算规则

算法 6-1 的第 10~13 步是对粒子运算规则的运算，作如下定义。其中第 10 步是

$$v_{id} = w \times v_{id} + c_1 \times r_1 \times (p_{id} - v_{id}) + c_2 \times r_2 \times (p_{gd} - v_{id})$$

第 11 行是 $x_{\mathrm{id}} = x_{\mathrm{id}} + v_{\mathrm{id}}$。其作用分别是计算粒子的飞行速度和更新粒子的位置，更新粒子位置是采用“加”运算。本章采取的策略是：将粒子的飞行速度 V_{id} 定义为服务质量的值。粒子位置的更新就是将服务替换为与此服务质量最接近的服务实例，因此“加法”(+) 的定义为将粒子 X_i 的第 D 维位置更换为与 V_{id} 服务质量最接近的服务实例。下面通过一个实例来说明。

在图 6-1 中，假设在计算前 $\mathrm{V_{id}}$ 的值为 0.35，并取 $w, c_1, r_1, p_{\mathrm{id}}, c_2, r_2$ 分别是 0.2,0.4,0.5,0.23,0.12, 0.25 则计算出新的 V_{id} 的值为 0.36，则说明粒子在对第 D 类服务的选取 QoS 高的服务实例。$x_{\mathrm{id}} = x_{\mathrm{id}} + v_{\mathrm{id}}$ 的计算用下式完成：

$$x_{\mathrm{id}} = \overline{f}((f(x_{\mathrm{id}}) + v_{\mathrm{id}})) \tag{6-6}$$

式 (6-6) 中的 f 函数是计算出 X_{id} 所对应的服务实例的 QoS，计算出值为 5.36，$\overline{f}$ 函数是求得与 QoS 值最接近的服务实例为 S_8，与 f 是反函数。

6.4.6　粒子适应值计算

粒子适应值的计算主要是根据选择出来的组合路径计算当前路径的 QoS 值，然后依据适应值的大小来决定进化的方向与速度。

服务组合中单个 QoS 指标依据组合路径的控制关系而有不同的计算方法。例如，对于顺序的控制结构：

$$Q_{\mathrm{time}} = \sum_{i=1}^{n} Q_i^{\mathrm{time}}, \quad Q_{\cos t} = \sum_{i=1}^{n} Q_i^{\cos t} \tag{6-7}$$

对于其他控制结构可以得到与式 (6-7) 类似的 QoS 计算方法，由于篇幅的关系，可以参见文献 [18]。

而适应值是对服务组合的多个 QoS 值的同时优化，这是一类多维 QoS 目标优化问题，是 NP 完全问题[26]。因此在本章中采用如下的加权综合方法来求适应值。

对于每一条组合路径用 $f_1(x), \cdots, f_p(x)$ 分别代表对 QoS 因素 QoS(time)，QoS($\cos t$)，QoS(cap)，QoS(rep) 等进行 QoS 计算的函数。通常希望在 QoS 上得到满足以下目标的优化目标：

$$f(x) = F\left(\max f_1(x), \min f_2(x), \min f_3(x), \max f_4(x), \max f_5(x)\right) \tag{6-8}$$

由于式 (6-8) 中的 max 函数可以通过转换化为 min 函数，因此用加权法求得每一条组合路径的综合服务质量函数为

$$f(x) = \min \sum w_i f_i(x) \geqslant \partial_i, \quad x \in X \tag{6-9}$$

算法 6-4 FitnessSet。

输入: 粒子 x_i。

输出: 适应值 fitness。

```
Begin
    (1) for each x_id ∈ x_i do
    (2) calculate each QoS with formula (6-7)
    (3) calculate fitness for with formula (6-9)
    (4) Output fitness
    End
```

6.5 算法分析与实验结果

6.5.1 实验场景设置

实验所用服务组合业务模型就是图 6-1 所示，模型中的每一类服务结点对应实际中的一组服务实例集合，共有服务类 8 种 $(\mathrm{WS}_1,\cdots,\mathrm{WS}_8)$。每一个服务实例由一个线程来模拟。各个服务群中服务的 QoS 参数采用随机方法在一定范围内生成，参数取值范围设定为 $0 < \mathrm{Time} \leqslant 60$ 秒，$0 < \mathrm{Cost} \leqslant 100$，$0 < \mathrm{Repute} \leqslant 10$，$0 < \mathrm{Reliable} \leqslant 1$，最小信誉等级为 2，最小可靠性为 0.1。把服务聚合流程的执行时间和费用、信誉等级、可靠性作为目标准则，同时，信誉等级及可靠性作为两个约束条件。目标是使得组合服务在满足两个约束条件的情况下，执行时间极短、费用极少、信誉等级与可靠性最高。

6.5.2 算法参数设置

(1) 编码的表示：根据 6.4.3 节算法编码的描述，可以得到如下所示的服务组合模型的粒子编码实例的形式为

−1	Sc(1i)	Sc(2i)	Sc(3i)	Sc(4i)	Sc(5i)	Sc(6i)	Sc(7i)	Sc(8i)	−1

其中，Sc(1i) 表示服务节点 1 对应的服务集合 $Sc_i(i \in\{j|1\leqslant j \leqslant 8\})$ 中所选具体服务的编号为 i。

(2) QoS 参数及目标适应度参数的计算：对于图 6-1 所示的组合业务模型，共有二条组合路径。第 1 条是选择 $(S \to \mathrm{WS}_2 \to \mathrm{WS}_5 \to \mathrm{WS}_8 \to E)$，其 QoS 指标的计算公式如式 (6-10) 所示，第 2 条是 $(S \to \mathrm{WS}_1 \to ((\mathrm{WS}_3 \to \mathrm{WS}_6 \to E)$，$(\mathrm{WS}_4 \to$

$WS_7 \to E)))$，其计算公式如式 (6-11) 所示。

$$\begin{cases} f_1(x) = t_2 + t_5 + t_8 \\ f_2(x) = C_2 + C_5 + C_8 \\ f_3(x) = \text{Rep}_2 \times \text{Rep}_5 \times \text{Rep}_8 \\ f_4(x) = \text{Rel}_2 \times \text{Rel}_5 \times \text{Rel}_8 \end{cases} \tag{6-10}$$

$$\begin{aligned} f_1(x) &= t_1 + \max((t_3 + t_6), (t_4 + t_7)) \\ f_2(x) &= C_1 + C_3 + C_4 + C_6 + C_7 \\ f_3(x) &= \text{Rep}_1 \times \min((\text{Rep}_3 \times \text{Rep}_6), (\text{Rep}_4 \times \text{Rep}_7)) \\ f_4(x) &= \text{Rel}_1 \times \min((\text{Rel}_3 \times \text{Rel}_6), (\text{Rel}_4 \times \text{Rel}_7)) \end{aligned} \tag{6-11}$$

最后通过加权综合适应度公式 (6-8) 求得综合适应度参数，对于公式 (6-9) 中的权重 w 取值均相等为 0.25。

6.5.3　实有效性实验

1. 算法的可用性

实验分别考虑了粒子服务群规模为 320，350 和 420(即每类服务拥有的实例个数)，迭代次数取 300，400，500 和 600 的情况下的 CPU 时间开销。对于每一种情况，算法分别运行 15 次取平均值。

由图 6-4 可以看出：随着服务实例数目的增加，在不同的迭代次数下，计算所花费的时间增长较平缓。

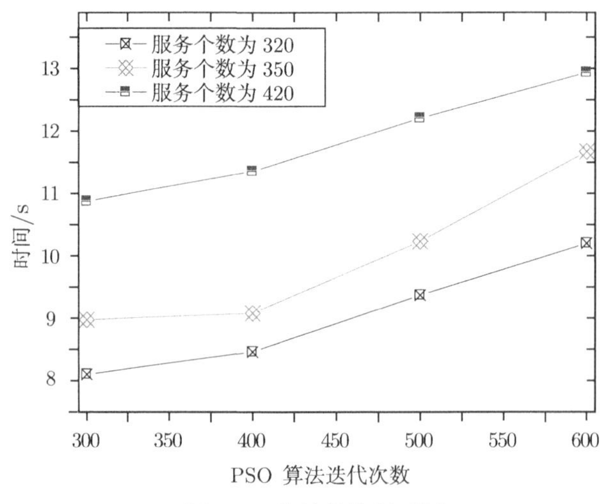

图 6-4　算法的执行时间

实验还对数学的线性规划法、采用一般的粒子群算法以及本章提出的算法的效率进行了比较。分别给定每类服务有 100、150、200、250、300 个服务实例情况。它们达到最优解 QoS 指标相差在 2%以内所需要的时间如图 6-5 所示。

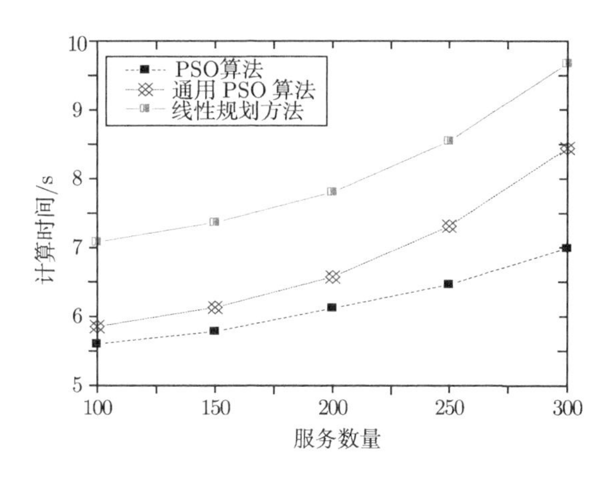

图 6-5　算法执行时间的比较

2. 算法对环境的感知性

图 6-6 中显示的是一次发出组合请求为 10 个，每一次请求完成后再发起下一批请求的情况。表明随着访问的增多，粒子对环境感知得越多，求解所需的时间也越少。当请求次数增长到一定程度后，执行时间基本上很少了，即可以直接返回结果。

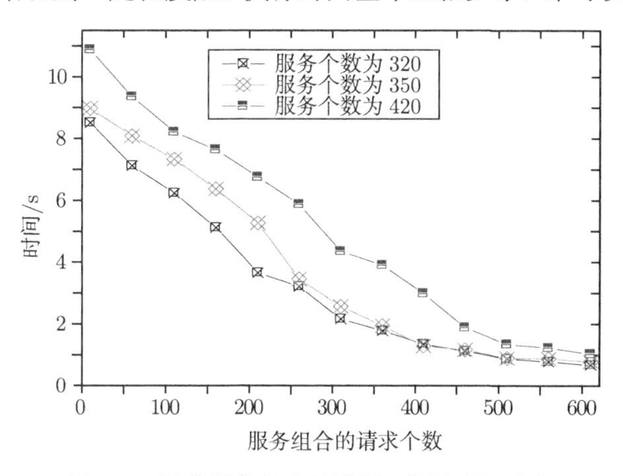

图 6-6　随着服务组合的进行，执行时间减少

图 6-7 显示的是当算法运行在动态变化环境中的执行时间，具体是将原有环境中的服务变化的个数为总数的 10%～40%的情况。

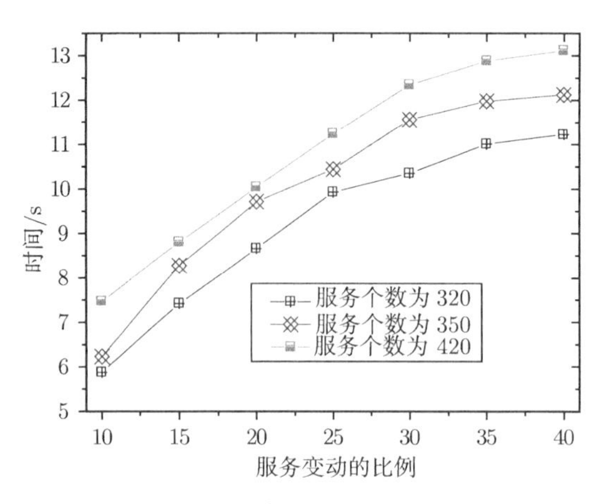

图 6-7　动态变化环境的组合时间

图 6-8 的实验环境与图 6-7 基本相似，图 6-7 是按式 (6-3) 产生初始粒子群，这样新服务与原有服务在初始种群中的比例与服务的数量所占的比例相等。图 6-8 是按照式 (6-4) 将新服务所点的比例增大 α 的情况，α 取值为 7.5%。从图 6-8 可以看出可提高算法速度，但提高较小，主要原因是新服务的信息较大，初始种群中数量较大，能够加快搜索的速度，但由于原有的服务收敛较快，所用时间不多，故提高幅度不大。

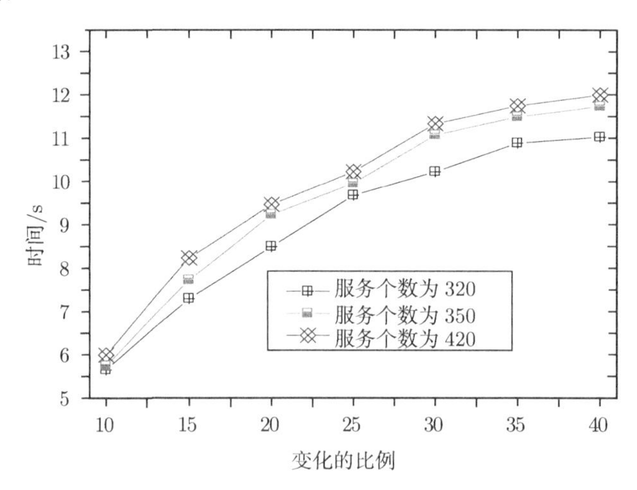

图 6-8　新服务占初始粒子的比重增大的情况

图 6-9 实验的目的是用于验证算法 6-1 找到 QoS 全局最优服务组合的可行性。图 6-9 为在服务群规模分别为 320，350，420 的情况下，算法迭代 300 次所获得的关于各优化指标的全局最优结果的百分率 (与最优解 QoS 指标相差在 2%以内就认为是最优解)。从图 6-9 可以看出：找到各优化指标最优值的概率都在 90%以上，

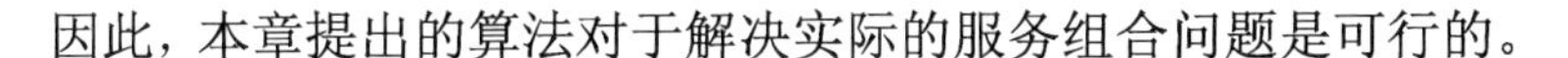
因此，本章提出的算法对于解决实际的服务组合问题是可行的。

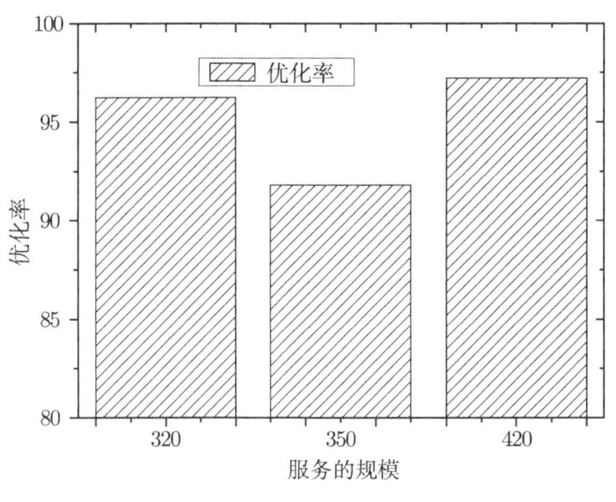

图 6-9 寻求最优解的比率

6.6 本 章 小 结

在本章中，我们提出了一种较好的基于环境感知的粒子群算法来求解服务组合，通过对服务组合的业务逻辑与服务实例进行合理的编码，重新定义粒子的位置、速度与“加”运算。利用 PSO 算法对环境的感知来提高算法的性能，并通过实验证实了算法的有效性，对于构建 QoS 优化的复杂组合服务的应用具有一定意义。

第7章 有效负载均衡的网格 Web 服务体系结构模型

7.1 概述

2001 年，Foster 提出了开放网格服务体系架构 (open grid service architecture，OGSA)[117]，将 Web 服务的互操作模型引入到网格研究中，确立了 Web 服务作为网格资源新的抽象形式和构造基础。

目前，对于 Web 服务资源的组织与管理的研究异常活跃。已有的网格资源组织模型主要包括：(1) 集中式的资源管理方法：如 Globus 计算网格中的 MDS[43] 实现了基于 LDAP 的树状元数据目录服务；Condor[118] 实现了不依赖全局资源命名，而依靠属性匹配的集中式的资源共享系统。但这种集中式的资源组织结构可扩展性不好。(2) 采用资源路由机制[119]，这种思想借鉴了当前 Internet 的 IP 路由的成功机制，但采用资源路由信息来解决资源查找与组织方式也存在很大的不足之处：IP 是有组织分配的、是唯一的，不会动态产生；而资源是无组织的、重复的，且动态产生与消失。(3) 资源空间模型结构，如 Rajasekar 等提出的元数据资源空间模型[120]，但总的来说属于一种强组织性的机制，系统内信息的维护与分布式处理比较困难，可扩展性不够。

此外，对于网格 Web 服务在整个广域网上的负载均衡成了一个重要的研究内容，Nemo Semret 等提出了基于市场机制模型负载[121]，基于拍卖的负载机制[122]等。但是这种模型存在许多值得进一步研究的内容，原因在于一个全球性的网络负载均衡不仅与实施负载均衡算法有关，而且主要与 Web 服务资源的底层组织结构相关，即与全局性负载信息的及时获得有关，这使得许多脱离实际资源组织结构的负载均衡研究的意义变得很弱。

本章主要贡献在于提出一种多层的 Web 服务组织体系结构，它由用户层、Web 服务资源物理组织层、处于核心的资源负载均衡层及 Web 服务资源注册中心组成，这些层之间采用 OGSA 框架下的标准协议交互，又保持相对的独立性，适合全球范围的资源组织，满足 Web 服务组织的自举性、分布性、无中心控制的要求，以及较好的资源查找效率，通过引入中间资源负载层，保证资源负载与组织机制紧密相结合的，确保其有效性。

7.2 网格 Web 服务体系概略

在本章中我们以 OGSA 为基础，①将服务提供者与服务代理组织形成区域自治代理系统 (areaproxy autonomy system，APAS)，它仅仅管理本区域内的 Web 服务注册与维护；②为了让服务申请者通过服务查找与定位得到 Web 服务提供者的地址，同时为了获得全局的负载平衡，我们将同一类 Web 服务资源组织成分布式的生成资源树，称为 Web 服务资源组织树 (Web services resource organizing tree，WSROT)，它是一个逻辑上的同类资源形成的资源树，记录了各 APAS 中的资源情况与负载信息，主要目的是当用户申请资源时，它将当前最“合适”的服务提供者返回给用户；③ Web 服务资源注册中心 (Web services resource register center，WSRRC)：WSRRC 中记录所有各类 Web 服务资源的资源号与相对应的 WSROT 的记录，它是分布式、一致性的全球性系统；④用户系统：用户系统并不需要知道网络中有 WSROT，也不需要知道 APAS，所以用户并不直接与资源的组织与管理系统交互，它先向 Web 服务资源注册中心查询资源地址，由 WSRRC 向所对应的 WSROT 转发请求，由 WSROT 返回给用户服务提供者的 IP 地址，然后，用户采用 SOAP 协议与服务提供者交互得到服务。

新的 Web 服务组织与查找的体系结构原理是基于以下一个假设。

假设 7-1 Web 服务资源是可以用网格全局管理和分配的，并且是唯一的资源的 ID 号来标识。这种假设是符合当前人们对 Web 服务资源的研究情况[43,118]，而在许多研究中也是采用同样的假设[120−122]。

本章提出的 Web 服务资源的体系结构主要由四部分组成，如图 7-1 所示。

(1) 客户端查询系统，它的主要功能是将用户的 Web 服务查询请求转换成系统可理解的方式向系统提交服务请求，并通过前面所述过程得到服务。

(2) WSRRC，它的主要作用有两个，一是当 Web 服务资源提供者 (Web services provider，WSP) 欲将自己的资源加入到全球范围系统时，WSP 先向 WSRRC 协商，由 WSRRC 返回此资源的类别及资源 ID 号，同时，返回给 WSP 此类资源所在的 WSROT 地址，然后 WSP 向 WSROT 注册自己的资源情况，由 WSROT 进行各资源节点的资源信息与负载信息维护；二是当服务申请者提出 Web 服务请求时，由 WSRRC 向 WSROT 转发服务申请，由 WSROT 返回给服务申请者真实的服务提供者地址。

(3) Web 服务资源组织树 (WSROT)：由于假设 7-1，因此我们可以按 Web 服务资源类别 ID 逻辑上组织成不同的逻辑资源树，由于 Web 服务与其他服务的主要区别是同类服务可能有不同的 WSP，因此除了能有效地查找与定位全球网络的 Web 服务资源外，如何将服务申请者的负载有效地分配到各 WSP 中是一个重要的研究内容。

(4) 区域代理自治系统 (APAS)：维护一个区域内的 Web 服务资源产生、消失，将 Web 服务资源与 IP 地址绑定，并向 WSRRC 查询得到 WSROT 地址，然后向 WSROT 注册本代理区域的资源信息情况，让 WSROT 透明地知道资源的当前的状态，它与 WSROT 间维护一个 TTL(time to live，TTL)，以维护资源信息。

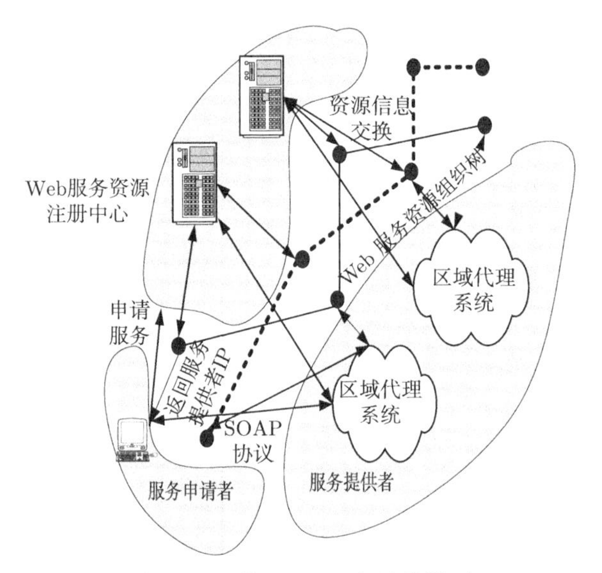

图 7-1　网格 Web 服务结构模型

那么资源负载均衡的网格 Web 服务结构模型的建立与交互作用分为两个部分。第一部分是服务申请者申请资源的交互过程，服务申请者申请资源过程可参见图 7-2 编号① → ② → ③ → ④ → ⑤所示；第二部分是 GWSF 的建立与维护协议，它主要包括如下几个过程。

① WSROT 的形成过程；② APAS 的形成过程；③ WSRRC 系统组织形成过程；④ Web 服务资源的注册过程，如图 7-2 示编号 I → II →III所示；⑤ WS-RRC、APAS、WSROT 间的交互协议，主要是资源查找与定位的交互与资源信息的 TTL 维护。

从上面的分析得知，我们的 GWSF 模型是建立在 OGSA 框架上的，提出了完全分布式的多层资源组织框架，首先在资源的维护上采用区域代理自治系统

(APAS)，APAS 符合网格的自然组织形式，无论网络规模怎么扩展，我们总能以适当的 APAS 来组织资源，保证了系统的分布式，可扩展，又具有资源维护的准确性。其次，WSRRC 是一个分布式的知名系统，有点与 DNS 系统类似。但它是由很多同类资源的生成树组成的动态系统，它与 WSROT 维护有 TTL，维护与各 WSROT 的地址。再次，为了保持负载均衡，采用了 WSROT 这种逻辑组织，其中保持了紧密相关的资源信息与负载信息，而负载信息是在资源维护的过程中捎带得到的，且负载信息只在某一类生成树中高速流动与广播，产生系统额外维护信息较少，这就保证了信息交换的有效性与低代价，克服了一般研究中脱离具体的资源组织纯粹负载均衡的不足。最后，这种结构只是将提供服务代理的 IP 地址返回给用户，用户直接与区域自治系统内的服务代理和服务提供者用 SOAP 协议交互，在 APAS 内采用 WSDL 来描述 Web 服务资源与注册。这样 WSRRC 与 WSROT 系统所负担的压力并不多，而区域自治系统访问量并不大，能经受客户以 SOAP 协议交互信息。因而从根本上改善了资源组织与查找搜索困难、效率低与网络的可扩展性问题。

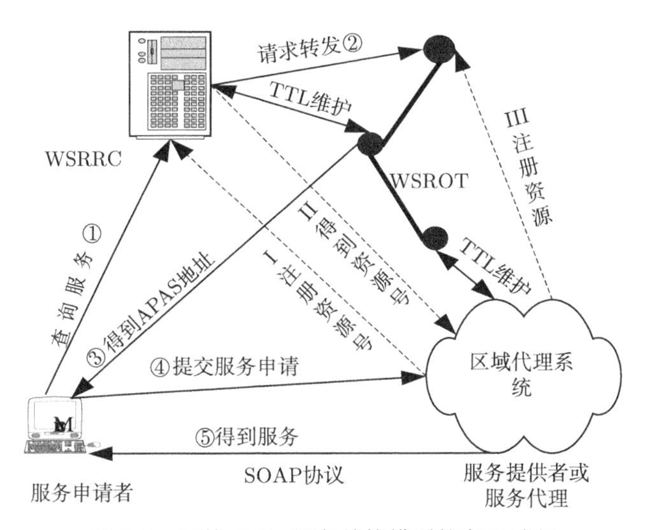

图 7-2 网格 Web 服务结构模型的交互过程

7.3 资源组织树系统

Web 服务资源组织树 (WSROT) 的主要作用是维护正在活动的服务提供者状态信息，以及同一类资源全局范围内的负载信息。它是网络中专门用于 Web 服务资源维护的节点，组织结构如图 7-3 所示。

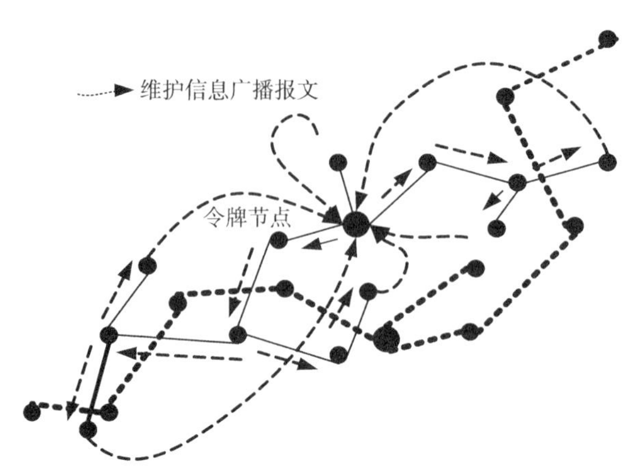

图 7-3　Web 服务资源组织树 (WSROT) 结构图

下面的四个定义给出了我们在 WSROT 的构造与信息交互中所用到的数据结构。

定义 7-1　Web 服务资源组织树 (WSROT) 可以定义为一棵生成树 (spanning tree)。用无权无向图表示，即 $G = (V, E)$，其中 $V = n$，即树中节点的个数，$E = m$，即树中边的个数。

定义 7-2　节点呼叫报文 Call_For_Probe 数据结构是一个 10 元组 (Call_ID, Call_Sort, R_ID，Call_IP，Call_DesIP，TTL，*Real_APAS_IP[ ], *Load_infor[ ], token，Access)，其中 Call_Id 是发起此次报文的唯一编号，Call_Sort 是发起此次报文的类别，可以分为加入报文 (Join_Probe)，负载信息维护报文 (Load_Message)，等等。R_ID 是资源类别编号地址，Call_IP 是发起者 IP 地址，Call_DesIP 是目的 IP 地址，TTL 是交互双方维护的时间最大间隔，*Real_APAS_IP[ ] 是标识各真实 APAS 资源情况的指针数组，*Load_infor[ ] 是各 APAS 负载压力信息指针数组，token 表示此节点是否拥有令牌；Access 是此节点本身访问压力计数。

定义 7-3　应答报文 Ack_For_Probe 是一个 7 元组 (Call_ID, ACK_Call_Sort, R_ID，Call_IP，Call_DesIP，TTL，Ack_IP)，其中 Call_Id 是此次报文的唯一编号。ACK_Call_Sort 是回答报文的类别，可以与相应发起报文 (Join_Probe)，负载信息维护报文 (Load_Message)，等等相对应，R_ID，Call_IP，Call_DesIP，TTL 与定义 7-2 相同，Ack_IP 是回送报文发起者想查询得到的 IP 地址，一般是指返回 WSROT 与 APAS 的地址。

定义 7-4　修剪报文 Prune 是一个 5 元组 (Call_ID，Prune_Ip, Call_IP，Call_DesIP，TTL)，其中 Prune_Ip 是 WSROT 中欲剪除的节点 IP。

一个节点在三种情况下会产生 Prune 报文，一是该节点消失时或主动脱离资源组织树时，告诉资源树剪除此节点；二是处于不活动状态时间超过极限值而认为已经死亡；三是一个节点在接受一个 Ack_For_Probe 报文时，如果该节点已经有了一条更好的路径时，它通过发送 Prune 报文到资源树，告之剪除先前记录的路径。

7.3.1 资源树的构造算法

Web 服务资源组织树是采用如下简单的构造过程：

(1) 当某个节点欲加入到 WSROT 中，它主动向 WSRRC 发出一个申请加入报文 (Join_Probe) 请求；

(2) WSRRC 查找此类资源树 WSROT 的 IP 地址，返回给发起者一个应答报文 (Ack_For_Probe)，告诉发起者应该加入到此 WSROT 树中；

(3) 然后，此节点向资源树连接加入，它首先发出一个报文 (还是 Join_Probe)，当 WSROT 某节点 v 接受到一个探测加入报文 Join_Probe 时，返回给发起者一个肯定应答报文 (Ack_For_Probe)；

(4) WSROT 节点 v 向拥有令牌的节点发起通告报文，然后由令牌节点采用广播方式，向同一生成树所有节点广播告之此节点的加入，此加入节点是通过节点 v 连接上 WSROT 的；

(5) 最后，WSROT 的令牌节点向新加入节点发送全树所有节点状态信息，包括 APAS，负载信息、WSROT 拓扑信息。至此节点加入过程结束。

7.3.2 Web 资源树与 APAS 的交互过程

Web 服务资源组织树 (WSROT) 记录了各 APAS 系统资源是否处于活动的情况，这种交互活动由 APAS 系统发起，它执行如下过程。

(1) 如果某个新的 APAS 的资源欲加入资源组织系统时，首先向 WSRRC 发起资源加入请求报文 (Join_Probe)，这时 APAS 并不知道此资源的 ID 号，因此它与 WSRRC 协商得到新资源的资源 ID 号，并由 WSRRC 告诉它此类资源的 WSROT，如果是一个知道自己 ID 号，这时向 WSRRC 发起 (Join_Probe) 时，仅仅是表示不知道应该加入的 WSROT 地址，这时 WSRRC 仅返回 WSROT 地址。

(2) 然后 APAS 向返回报文中得到的 WSROT 地址注册资源信息，此时 WSROT 中的这一节点就成为此资源 APAS 的权威维护节点，它向 APAS 返回肯定接受的报文，对 APAS 来说资源注册过程完成，此外，APAS 与 WSROT 中的此节点保持一个 TTL 以维护资源的情况；APAS 系统必须定期向权威节点广播探测报文，主要告诉 WSROT 树，它还 “活着”。如果当某一 APAS“活着”，报文超过设定的 TTL，则表示此资源的消失。

(3) 接受资源的 WSROT 中的节点向此树中的令牌节点发送新资源节点加入信息报文。

(4) 然后由令牌节点在下一次向所有树中节点广播资源信息时让所有节点更新

此新 APAS 资源信息，至此，资源加入过程完成。

(5) 如果某资源 APAS 节点消失 (如停机) 时，也由此权威节点向令牌节点发去删除资源信息。然后由令牌节点向所有树中节点广播删除此资源的信息。

7.3.3 Web 资源树与 WSRRC 的交互过程

Web 服务资源组织树 (WSROT) 与 WSRRC 交互的作用有两个：一是让 WSRRC 知道资源树还 “活着”，它是由 WSROT 与 WSRRC 间的 TTL 维持，并由 WSROT 主动发起；二是如果 WSRRC 中心将所有服务申请者的请求转发给同一个 WSROT 节点，则此节点的负载压力会太大，因此应该让 WSRRC 中心知道应该向哪个节点转发信息。这是通过 TTL 信息交互的频率 “捎带” 信息得到的，即如果 WSROT 中某节点负载压力小，则它向 WSRRC 报告频率大，否则报告频率小。这也符合系统实际需要，当负载大，系统减少报告频率，相应减少了负载压力，而负载小时正好相反。而 WSRRC 按照发送的频率度插入记录表，当有查询服务请求，向服务申请者返回表头 WSROT 节点地址的概率就大。

7.3.4 Web 资源负载信息维护算法

负载信息有两类，一是正处于活动状态的资源属性信息状态 (如资源提供者的负载能力，服务质量等)；二是各 APAS 资源访问负载信息。资源负载信息的交互由两个部分组成，一是信息收集过程，二是信息分发过程。这两个过程都是由拥有令牌的节点才可以发起，对于信息收集过程：它向所有与它相连接的节点发出负载信息广播呼叫报文，主要是填充 Call_For_Probe 报文中的 *Real_APAS_IP[ ], *Load_infor[ ] 两个元组的信息，并标上自己的发起号，各相连节点同样填充自己的资源信息情况后，向所有未接受信息的路径方向广播，而一个节点已经收到过广播后，它删除后面所有发给它的所有报文，当一个节点没有路径可广播时，它向令牌节点回送报文。对于信息分发过程，当信息收集过程完成后，令牌节点已经收集到了生成树中各节点的信息，它加以综合后，又采用以上的过程向所有节点分发。令牌在树中流动，至于树中的令牌维护算法，我们采用通用的维护算法[123]，这里不加介绍。负载信息交换的伪算法见算法 7-1。

算法 7-1　负载信息交换的算法伪代码。

```
Algorithm Load message commute processing。
    (1) the Token node broad a information collection package
collection_pkg to its adjacent nodes.
for each (CurrNode in WSROT)
{
  add the load information of CurrNode into collection_pkg;
```

```
  CurrNode broad collection_pkg to its adjacent nodes which never
receive this package;
  if (all the adjacent nodes of CurrNode have received collection_pkg)
    CurrNode send collection_pkg back to the Token node;
}
    (2)the token node compute the load information that just collected;
token node make a distribution_pkg package that include all load
information;
for each (CurrNode in WSROT)
{
  CurrNode receive distribution_pkg;
  CurrNode broad distribution_pkg untouched to its adjacent node which
never receive this package;
}
```

7.3.5 Web 服务负载均衡算法

负载平衡的目的是在全球范围内避免某些服务提供者过载，而某些服务提供者无用户访问的情况。产生这种情况的重要原因是由于 Web 服务资源组织树是一个分布式系统，当返回用户查询服务请求时，有可能造成返回某一区域代理自治系统 (APAS) 地址过于集中而造成某一 APAS 系统过载的情况，而对某些 APAS 地址没有返回给用户而造成某些 APAS 负载过剩的情况。

在前面我们构造了 WSROT 内的资源与负载信息的维护过程，在本节，我们根据 7.3.4 节所得到的负载信息进行负载平衡的调度算法研究。在一个集中式管理系统中，只要有了各节点的负载信息，很容易做到负载平衡，但在分布式系统不容易做到这一点，因为在上个周期内负载轻的节点，很可能由于系统各节点知道它是最轻负载节点而将任务分配给此节点，往往可能造成此节点瞬间过载而形成“负载汇集现象”。

为此，我们基于比例概率的方式向各节点分配负载，轻节点分配任务的比例概率较高，而较重的节点分配任务的比例概率相对较低，依据各节点的情况，我们可以计算出向某节点分配任务的比例概率公式推导过程如下。

在某一次更新过程后，各节点都得到的 APAS 系统的负载情况，这时各节点应该为各 APAS 分配任务，假设某 APAS 本身的负载能力设为 A_i ($i = m$, 即服务提供者的个数为 m)，则总的负载能力为 $A = \sum\limits_{0<i\leqslant m} A_i$，某 APAS 目前负载量设为 C_i，$0 < i \leqslant m$，则当前负载总量为 $C = \sum\limits_{0<i\leqslant m} C_i$，如果负载是均匀分配的话，那么

有下式成立:

$$\gamma_i = A_i/A - C_i/C = 0 \tag{7-1}$$

如果 $\gamma_i > 0$ 则表示分配给此 i 节点的负载小于应该分配给此节点的比例，负载较轻，在下一次的任务分配中应该给它分配多一些任务，反之表示负载过重，则应该分配少一些任务。

接下我们来确定在下一轮任务分配中，各 WSROT 应该按照什么样的原则分配任务：本章依据按比例概率分配负载的原则，在下一轮分配负载中，WSROT 各节点应该按照 $(1+\gamma_i) \times f(t)$ 的概率将负载量分配给第 i 个 APAS 系统，$f(t)$ 是时间函数。主要是防止如果信息的更新周期过长，概率高的节点还是很容易过载，为避免这一情况，我们的时间函数应该有如下关系，假设系统应该在 T 时间内达到平衡，那么它满足如下条件：

$$f(t) = \frac{(1/\gamma_i) - 1}{T} t + 1 \quad (0 < t \leqslant T) \tag{7-2}$$

从前面的分析可以得知，$\sum p_i=0$；且$\sum(1+p_i)/m=1$；且$\sum(1+p_i)\times f(t)/m=1$：这表明我们的系统在任何时刻都是一个向平衡点逼近的平衡系统。在这里我们采用的只是负载信息的流动，而不需要实际负载量的流动，处理效率比较高。

7.4 区域代理自治系统

采用区域代理自治系统 (APAS) 来进行 Web 服务资源维护是基于如下：研究发现 Internet 骨干网络节点的拓扑分布规律不仅呈现典型的幂规律[95]，而且还具有明显的小世界特征[124]。从理论上来说应该将自治区域内聚集度最高的节点作为模型的超级簇中心节点 (super cluster center node，SCCN)，但聚集度最高的节点并不一定“能力”大，而在实际中一个自治系统往往是某一组织 (如学校) 而形成。依据网络的两个重要性质“生长的连续性”和“添加的选择性”，在这里，每个 APAS 的 SCCN 是由组织管理者指定的 (一般来说 SCCN 由当前骨干路由节点或者交换节点组成)，并要求每台主机连入此系统时，设置与网关类似的 SCCN 网管来找到 SCCN，并将自己加入到该簇中，形成自然的小世界和幂规律特性。利用这一特性，该网络区域中的资源维护将通过 SCCN 节点进行。它负责整个自治区内的资源信息维护和与 WSROT 系统交换信息，SCCN 与 WSROT 系统及各自的内部都维护一个 TTL，当资源信息很长时间没有更新时标记为失效，以使 WSROT 的信息与网格实际情况相符。每个 APAS 内只有一个服务代理，即超级簇中心节点 (SCCN)。在自治系统内部又是分级的，当一个 APAS 区域较大时，APAS 系统又将次一级的节点指定为二级簇节点 (second cluster node，SCN)，同理可以有三级簇节点 (third cluster node，TCN)。APAS 模型的体系结构如图 7-4 所示。同样 APAS 存在协议的交互作用即 Web 服务资源信息注册与维护，当一个主机向簇节点注册自己的某一 Web 服务资源前，它先向 WSRRC 申请欲给此资源命名的 Web 服务资源名 (ID 号)，申请资源名成功后，将此资源 ID 号加上资源注册信息以 WSDL 方式向距自己最近的簇节点注册。

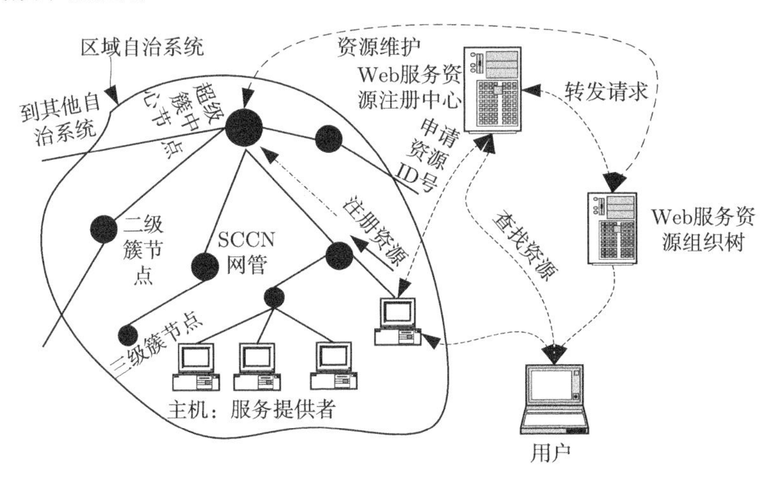

图 7-4 区域自治系统结构

7.5 用户与 WSRRC 系统

用户系统面对的是终端用户，采用类似于目前浏览器 (如 IE) 一样的 Web 服务获取器，或者在 IE 中插入 Toolbar，它采用 Web 服务名称来请求服务，这种命名规则与当前 URL 类似。可以用例 7-1 表示。

例 7-1 schedule.grid.computer.csu.edu.cn。

而 WSRRC，它是一个分布式系统。在本章中它并不是我们着重想要论述的部分，它可以做成与 DNS 类似的系统，也可以采用其他具有类似功能的系统如 UDDI 注册中心，或 P2P 系统组成，这并不会影响我们讨论的问题。由于篇幅的关系，在此不加赘述。

7.6 GWSF 模型的原型系统

7.6.1 系统环境

原型系统的环境平台总共为 12 台 P4 微型机，256M(512M) 内存，其中 3 台 Linux 操作系统为 RedHat7.3，作为 WSROT 系统，采用 C 语言编程实现。另 6 台微机操作系统采用的是 Windows2000, 采用 VC6.0 编程模拟网络节点。3 台 Win2000 微机模拟用户提交申请，也用 VC6.0 实现。全部微机通过一台 16 口交换机组成一个局域网。

7.6.2 系统拓扑

原型系统的拓扑结构通过 Internet 拓扑模拟工具 BRITE[125] 产生。由于这 12 台机器物理上是通过局域网互连在一起而非依照图中拓扑互连的，因此，我们其实只是在产生拓扑图后，通过在这些物理机器上运行不同的程序来充当实际的节点，我们总共产生 48 台主机，形成四个小世界 (即四个 APAS)，每个 APAS 都通过一个 SNMP(simple network management protocol) 网管，指定一个超级簇中心节点 (SCCN) 运行服务代理的协议。其他节点运行相应的一般主机节点程序。配置不同类的 WSROT 系统，这些程序运行在 3 台 Linux 机器上，WSROT 中的节点个数为 12。而在用户通过查询 WSRRC，由 WSROT 返回得到资源代理 (SCCN) 的 IP 地址后，由于我们的节点是虚拟的，还没有实现 SOAP 协议等一整套规范。因此我们在真实的机器上安装了 OGSA 规范，实现了一整套协议规范，这样我们让 SCCN 返回真实某台真实服务器的 IP 地址，然后就按真实的 OGSA 方式进行后面的服务提交了。

7.6.3 协议功能实现

在原型系统中，仅实现了关键功能, 并做了一定的简化，主要实现 6 个功能，并在节点上运行这些算法:

(1) 通过人工配置形成 WSRRC 系统，实现并运行 WSRRC 内部组织协议;

(2) 通过获得动态网络拓扑信息，将聚集度最高的节点设为超级中心簇节点 (SCCN)，即服务代理，如果有必要建立二级簇节点，并建立 “簇连接”，负责对本地 APAS 网络拓扑进行维护;

(3) 资源代理与各下级簇节点建立 “本地 Web 服务资源库”，周期性地与相邻主机交换信息, 并据此刷新自己的 “本地 Web 服务资源库”，资源代理与 WSROT 交互，使其获得 Web 服务的绑定;

(4) 资源代理加入资源时，运行 “资源加入算法” 与 WSRRC 和 WSROT 交互;

(5) WSROT 系统内部资源信息的交互与维护，与 WSRRC 中心的交互，使其得到 WSROT 的动态信息及 WSROT 节点的自身的负载情况;

(6) 当有用户资源请求时，运行 “服务申请者算法” 对服务请求进行解析，使用户得到服务。

7.6.4 实现实例

我们将上面系统安装后，按 OGSA 标准方式部署了一些服务，然后让各 APAS 向 WSRRC 申请资源号后，再向 WSROT 注册，用户系统通过 WSRRC 系统查询到 APAS 后，APAS 返回某台真实主机的 IP 地址，而以后就以 SOAP 进行标准的 Web 服务访问，得到服务。我们运行并得到了一组查询股票的例子。

7.6.5 负载均衡模拟结果

在负载均衡测试中，假设各 APAS 系统负载能力相同，系统共有 APAS 四个，我们在测试前造成区域自治代理系统 A、B、C、D 初始的负载不均衡，在图 7-5 中表示经过一段时间后，系统达到负载较平衡，图 7-6 是在系统负载不断增加的情况下的负载平衡情况；而图 7-7 是在测试中突然将某 APAS“停机” 以造成负载振荡现象，以测试我们的系统与算法保持稳定平衡的能力，实验结果表明系统具有较好的稳定性。

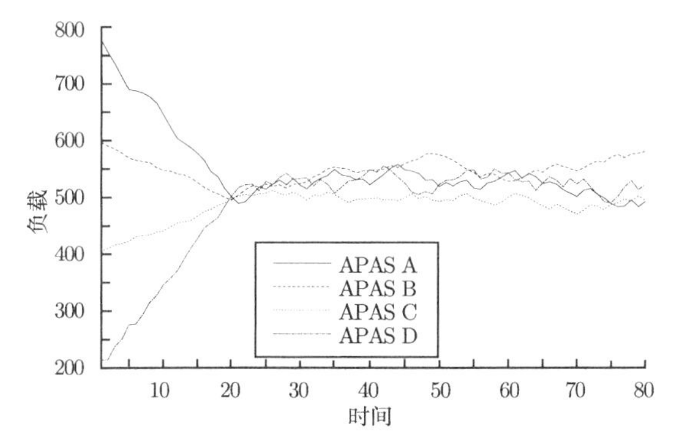

图 7-5 初始负载不同，稳定负载下的负载均衡情况

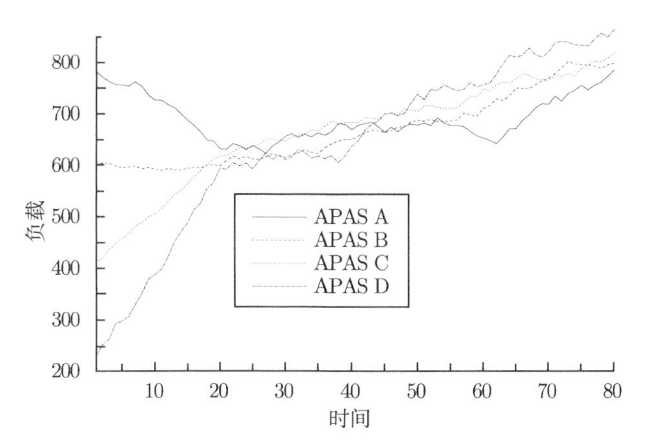

图 7-6 初始负载不同，持续增加负载下的负载均衡情况

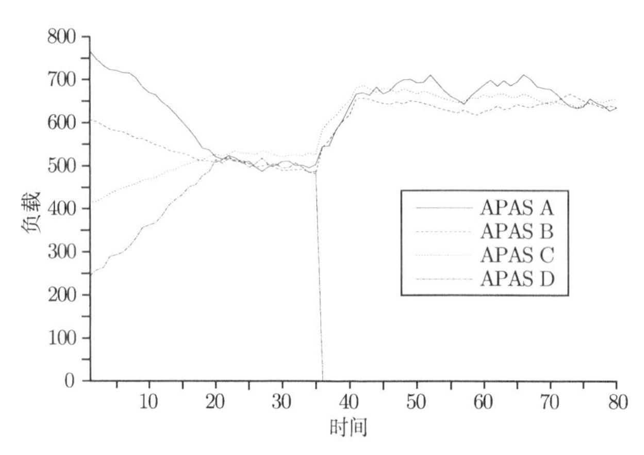

图 7-7 初始负载不同，某 APAS 停机的负载均衡情况

7.7 GWSA 模型的分析

7.7.1 模型的合理性

有关研究已经证明，Internet 拓扑结构均具有幂规律[95] 和小世界[95] 特性，而 GWSA 模型正是在此基础上，建立 APAS。因此，该网络模型充分体现了资源物理组织的幂规律和小世界特性。而 WSRRC 与 WSROT 系统体现了资源的逻辑结构，而它们都是分布式，可无限扩展的体系结构，适合于广域系统。

系统的简易与实用性在于 GWSA 模型对用户来说只要提交一个 Web 服务资源名。对用户来说，要使用底层的交互语言来描述与请求服务是不太现实的。而 GWSF 模型借鉴了当前网络的成功之处，使将来的 Web 服务就像当前的网页一样提交成为可能。而在内部实现来看，充分将服务的逻辑与物理维护分开，体现了分层的体系结构思想。

7.7.2 协议查找效率

(1) 空间效率。

WSROT 与 WSRRC 存储的只是 Web 服务名到 IP 地址的转换，而且存储数据量可以是分级，分布式管理的，存储量是可以接受的。而且它可以动态地被裁剪，而并不影响系统的整体功能；数据的位置与结果透明：即不需要知道所要查询的资源记录所在 WSROT 与 WSRRC 服务器的具体物理位置，也无须知道请求的结果是由哪一个 WSROT 与 WSRRC 节点响应的。对于 APAS，它只是管理本区域的数据。避免了中心式结构的数据爆炸的不足，而且提高了系统的查询与资源维护的实时性。

(2) 时间效率。

系统主要的查询时间花在 WSRRC 与 WSROT 系统上，而到达 SCCN 后，所花时间仅为一个常数据项，而且这个常数项仅为 4。而 WSRRC 的查询效率可以与 DNS 相当，因此系统具有较高的效率。

7.7.3 协议的可扩展性

在 GWSA 模型中, 其协议可扩展性很强。从拓扑结构上看，由于 APAS 模型体现了小世界特性和幂规律, 不会随着规模的变化而发生变化，另外，我们构建的 WRRSC、WSROT 同样是具有分布式、易扩展的系统。因此，随着 Internet 网络规模的扩展，协议可以非常平滑地适应网络规模的扩大。

7.8 本 章 小 结

本章提出了一种新颖的多层 Web 服务资源组织体系结构模型，具有较好的资源组织与定位性能及可扩展性，并具有较好的负载均衡能力。由于条件的限制，还有许多值得研究的地方，但本章提出的模型具有天然优良特性，是基于 OGSA 框架下的一种较好的 Web 服务组织与负载均衡解决方法。

第 8 章　网格环境中一种有效的 Web 服务资源组织机制

8.1　概　　述

网格研究源于分布式元计算，早期的网格研究 (如 Globus[43]，Legion[126]，Condor[118] 等) 多集中研究 "计算力" 资源的共享和集成。但由于异类、异构的网络资源和应用的多样性使得建立开放与资源无缝共享的网格体系结构远未达到人们预期的目标。

近年来，Web 服务技术已得到快速发展和应用，它有助于解决网格研究所面临的应用集成、资源共享、系统互操作和标准化等问题。2001 年，Foster 提出了开放网格服务体系架构 (OGSA)[117]，将 Web 服务的互操作模型引入到网格研究中，确立了 Web 服务作为网格资源新的抽象形式和构造基础。

OGSA 提出了 Web 服务在网格基础架构中的中心地位，但它并没有明确指出 Web 服务如何直接应用于网格系统构造和网格平台建设。而研究人员意识到下一代以服务为中心的互联网，需要有一整套 Web 服务资源的管理与组织机制。因此，对于 Web 服务资源的组织与管理的研究异常活跃，这些方面包括资源空间模型[127]、资源查找[119]、服务发现机制[128]。这些研究对网格服务资源做了很好的研究，但由于 Web 服务的异常多样与复杂性，还远未得到理想的解决。

本章所解决的网格 Web 服务体系结构与组织协议主要针对的是全球范围网格 Web 服务资源的组织。目前，应用的发展迫切需要网格 Web 服务具有以下特征：①适合于广域网的有效 Web 服务体系结构模型，能将复杂、动态的 Web 服务有机地组织成一个完整而系统的组织[127]，这种机制应该是自举的、分布式的、无中心控制的；②有效的 Web 服务查找机制，当用户提交服务申请时，这种体系结构应该明确知道网格上有没有能提供服务的这种资源，如果有的话，而且能够通过某种查找机制得到这些资源[119]。

8.2　网格 Web 服务体系概略

当前的网格资源管理策略研究主要有如下三种。

一是集中式的资源管理方法：如 Globus 计算网格中的 MDS[43] 实现了基于

LDAP 的树状元数据目录服务；Condor[118] 实现了不依赖全局资源命名，而依靠属性匹配的集中式的资源共享系统。

二是采用大范围的 P2P 系统来解决资源查找的方法，P2P 环境中常采用类分布式资源定位方法：每个节点存储整个资源 ID 空间的一个子空间，并负责本子空间内的资源 ID 到其物理位置的映射，结点间通过特定的协议维护状态和转发查询请求，典型的代表有 pastry 等；但由于全球范围 Web 服务资源的复杂性，服务资源的一致性维护与查找值得进一步研究。

三是采用目前 Internet 广泛使用的资源路由机制，这种思想借鉴了当前 Internet 的 IP 路由的成功机制，但采用资源路由信息来解决资源查找与组织方式也存在很大的不足之处：首先，IP 是有组织分配的、是唯一的，不会动态产生；而资源是无组织的、重复的，且动态产生与消失。其次，IP 路由能有效地人为组织，地理 (或物理) 区域划分，而 Web 服务资源是不行的；而且在这种机制中一般对资源比较抽象，还未能涉及资源路由机制与协议的实现，且这种机制对资源的动态支持性也研究不够。所以说这种思想比较新颖，但要得到真正的运用还有许多工作值得研究。

当前的 Web 服务框架如图 8-1 所示。虽然这个框架明确了 Web 服务的组成与操作的基本元素，但如何在全球范围网格上实施这种框架却没有定义，而全球范围的 Web 服务组织框架值得仔细研究与规划。

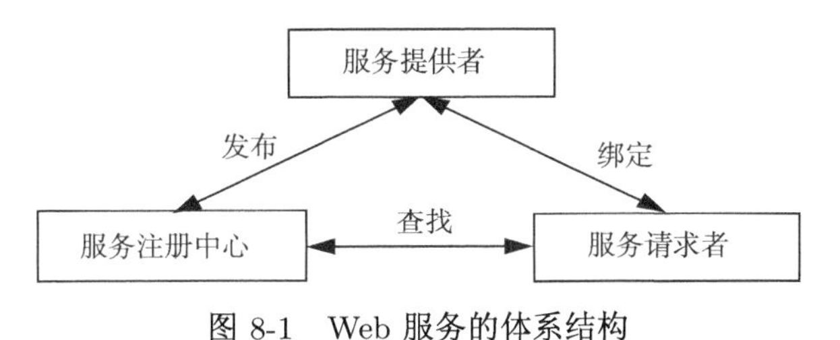

图 8-1 Web 服务的体系结构

在本章中我们以 OGSA 为基础，将服务提供者与服务代理组成一个区域自治系统，而将用户请求与区域自治系统间增加一层 Web 服务解析 (查找) 系统。Web 服务解析系统是分布式、一致性的全球系统，它记录了所有区域自治系统的定位与 Web 服务资源情况。而区域自治系统仅仅管理本区域内的 Web 服务注册与维护。

新的 Web 服务组织与查找的体系结构原理是基于以下一个假设。

假设 8-1 Web 服务资源是可以用网格全局管理和分配的，并且是用唯一的资源的 ID 号来标识。这种假设是符合当前人们对 Web 服务资源的研究情况[43,118,126]，而在许多研究中也是采用同样的假设[119,127,128]。

本章提出的 Web 服务资源的体系结构主要由三部分组成。

(1) 客户端查询系统 它的主要功能是将用户的 Web 服务查询请求转换成系

统可理解的方式向系统提交服务请求，通过与 Web 服务解析系统交互后，得到提供 Web 服务的服务代理 IP 地址，然后，客户机以 SOAP 协议与其交互并得到服务提供者地址，最后才真正提交申请与得到服务；

(2) Web 服务解析系统 (Web services name system，WSNS)　由于假设 8-1，因此我们可以像目前的 Internet 的分级的域名解析系统 (DNS) 那样，也将 Web 服务资源 ID 逻辑上分成层次结构，组成与 DNS 系统类似的 Web 服务解析系统 (WSNS)，它负责将 Web 服务 ID 号所对应的服务代理 IP 地址返回给服务请求发起者；

(3) 区域自治系统 (area autonomy system，AAS)　维护一个区域内的 Web 服务资源产生、消失，将 Web 服务资源与 IP 地址绑定，并与 WSNS 系统交互，让其透明地知道资源的当前的状态。

那么网格 Web 服务体系 (grid web services architecture，GWSA) 结构可用图 8-2 表示。当用户提交服务申请时的过程如图 8-2 所示，具体为如下两个过程。

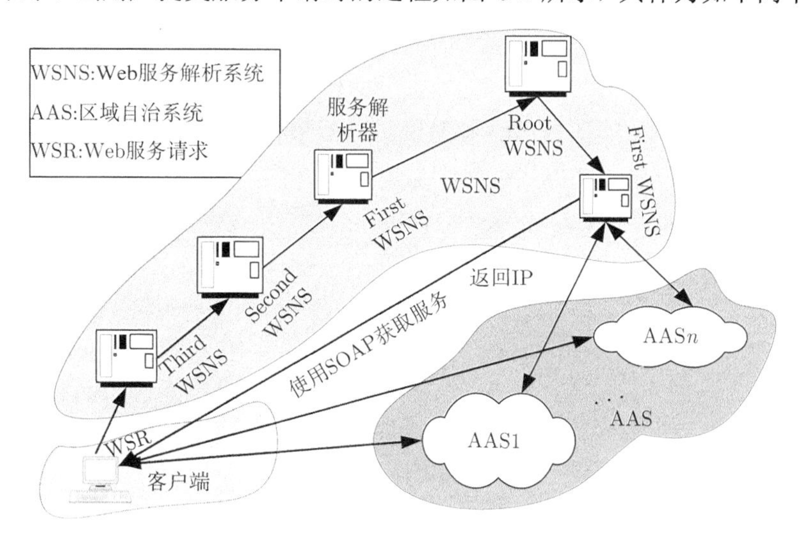

图 8-2　GWSA 的体系结构

(1) Web 服务资源的查找与解析：用户端通过服务请求工具 (类似于 IE) 向系统提交服务解析 (即 Web 服务资源定位查询) 请求，该请求首先被用户本地域的 Web 服务解析器获得。此解析器查询本地共享数据库，如果本地共享数据库中没有指定的 Web 服务资源记录，则 Web 服务解析器将向上一级 Web 服务解析器 (forward name server) 提出服务请求，如果还得不到 Web 服务资源号与 IP 地址对应的解析关系，则继续向上 (forward) 请求解析，直到 Web 服务根解析器。顶级 Web 服务解析器将该服务请求转向其所在的二级子域的 Web 服务解析器。这样，一级级传下去, 最后，由 Web 服务资源号所在域的 Web 服务解析器 (即授权 Web 服务解析器) 查询其所在域的共享数据库。如果该共享数据库中没有 Web 服务资源号对应的 IP 地址资源记录，则向请求方返回 Web 服务资源不存在的信息。如果该共享数据库中有 Web 服务资源号对应的 IP 地址资源记录，将该记录回传给的请求方，并将该资源记录缓存在请求方的 Web 服务解析器的共享数据库中。

(2) 接下来开始建立用户与服务代理的连接过程 (connecting)：由于 Web 服务资源可能由许多 AAS 的服务代理可以提供，所以查询结果是返回一组限定个数的能提供此服务的服务代理地址，用户按顺序向这组代理以标准 SOAP 协议发出服务协商交互后，如果此代理内的服务提供者能提供服务，则表示申请服务成功，则不再向这一组代理后面的服务器提交服务协商。如果这组代理的服务提供者都不能提供服务，那么申请失败。整个过程结束。

上面的整个 Web 服务资源的体系结构是建立在 OGSA 框架上的，在资源的维护上采用区域自治系统 (AAS)，在 AAS 内采用 WSDL 来描述 Web 服务资源与注册，而用户与服务提供者以 SOAP 进行交互。在服务查询上，将 Web 服务的物理位置与逻辑查询分开而采用 WSNS 系统。由于我们的 WSNS 是借鉴了 DNS，当前网络 DNS 系统的高效运行证实了其优越性，而我们巧妙地用服务资源 ID 解析系统来进行资源定位，确保了系统的高效。在资源的动态维护上我们利用局部化的原理，采用区域自治系统来进行资源的维护，即保证了系统的分布式、可扩展，又具有资源维护的准确性。因而从根本上改善了资源组织与查找搜索困难、效率低和网络的可扩展性问题。

8.3 区域自治系统

采用区域自治系统来进行 Web 服务资源维护是基于如下：我们发现 Internet 骨干网络节点的拓扑分布规律不仅呈现典型的幂规律[95]，而且还具有明显的小世界特征[95]。基于以上原因，我们提出了一个新的自治区域资源维护系统。在新的 AAS 中，将自治区域内聚集度最高的节点作为模型的超级簇中心节点 (SCCN)，所有的资源节点在加入该网络时，总是找离自己最近的那个中心节点，并将自己加入到该簇中，形成自然的小世界和幂规律特性。利用这一特性，该网络区域中的资源维护将通过中心节点进行。而这个 SCCN 也叫服务代理 (SB)，它负责整个自治区内的资源信息维护和与 WSNS 系统交换信息，以使 WSNS 的信息与网格实际情况相符。每个 AAS 内只有一个服务代理 (即 SCCN)。服务代理与 WSNS 系统都维护一个 TTL，当资源信息很长时间没有更新时标记为失效。

采用这种区域内资源维护的优点如下：一是符合网格的自然组织形式，无论网络规模怎么扩展，我们总能以适当的 AAS 来组织资源，具有良好的可扩展性；二是不直接让每一主机与 WSNS 系统交换信息是为了减少 WSNS 系统的访问压力；三是 WSNS 系统只是将提供服务代理的 IP 地址返回给用户，用户直接与区域自治系统内的服务代理和服务提供者 (SP) 用 SOAP 协议交互，这样 WSNS 系统所负担的压力并不多，而区域自治系统访问量并不大，能经受客户以 SOAP 协议交互信息，同时由于区域自治系统对本地资源维护是本地的，必然得到的信息实时与准确程度较高。

8.3.1 AAS 模型的假定与几个基本概念

(1) 模型假定。

假设 8-2 在进一步讨论 AAS 模型之前, 先对网络环境做些假定：每个区域自治系统 (AAS) 都有一个 SNMP 网管，可以获得自治域内的静态拓扑结构。

这种假定在当今的 Internet 网络世界是可以成立的。

(2) 幂规律。

某个节点的 "度" 即是到达该节点的边的个数。最近的研究表明[124]，许多现实网络其节点 "度" 的分布都具有同样的规律，即 "度" 为 K 的节点的分布概率满足以下公式：$P(k)\infty k^{-\tau}$，其中，$1<\tau<\infty$，随网络的不同而不同。Power Law 分布的含义可以简单解释为在网络中少数节点有较高的 "度"，多数节点的 "度" 较低。"度" 较高的节点与其他节点的联系比较多，通过它找到待查信息的概率较高。

(3) 小世界特性。

定义 8-1(小世界特性[95]) 网络拓扑具有高聚集度而低特征路径长的特性。

在符合小世界特性的网络模型中，可以根据节点的聚集度将节点划分为若干个自治区域，在每个自治区域中有一个顶点度最高的节点为中心节点。

8.3.2 AAS 模型体系结构

AAS 模型的体系结构如图 8-3 所示。它主要组成部分如下：一个自治系统内有且只有一个服务代理 (SB)，即超级簇中心节点 (SCCN)。在自治系统内部又是分级的，当一个 AAS 区域较大时，AAS 系统又将次聚集度最高的节点作为二级簇节点 (SCN)，同理可以有三级簇节点 (TCN)。

服务代理记录了 AAS 内所有主机 (指 Web 服务提供者)Web 服务资源记录情况，而各下级簇节点的只记录自己所属区域主机的资源情况，域内所有簇节点和主机在加入系统时需要设定网管 (SNMP，类似于网关) 和 Web 服务解析器 (WSNS，类似于 DNS)。

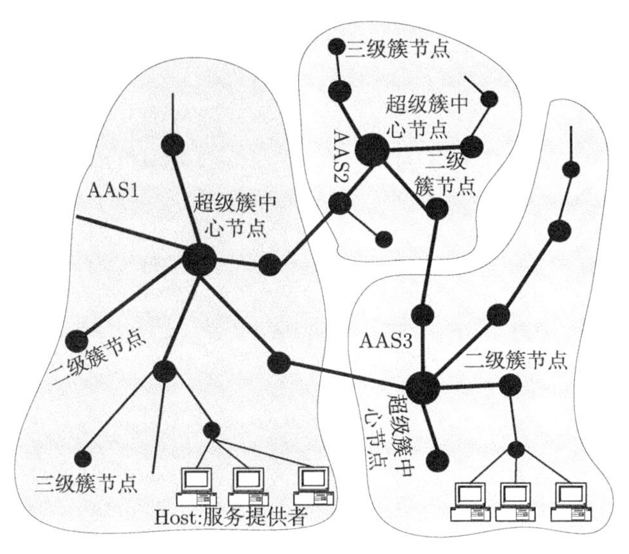

图 8-3 AAS 体系结构

8.3.3 AAS Web 服务资源组织协议

1. AAS 框架的生成过程

AAS 结构是由如下方式生成的，根据假设 8-2，每一个 AAS 中所有结点都能到达且知道 SNMP。

(1) 超级中心节点 (SCCN) 产生，初始状态时，将聚集度最高的结点作为 SCCN，并在 SNMP 记录。

(2) 当一个 AAS 区域内主机较少时，各主机通过查询 SNMP 获知 SCCN，并直接向 SCCN 注册，这时 AAS 内没有二级簇节点 (SCN)，只有服务代理 (就是 SCCN)。SCCN 记录向其注册的主机。

(3) 当 AAS 增大时，即边缘主机到 SCCN 的距离超过一定阈值后，或 AAS 内主机个数达到设定的度后，ASS 系统次聚集度最高的节点成为二级簇节点 (SCN)，SCN 将自己的上级簇节点设为 SCCN，SCN 节点附近主机向 SCN 注册，并撤销向 SCCN 节点的注册。同理可以产生三级簇节点 (TCN)。

(4) 各主机注册：主机通过 SNMP 来获知区域内离自己最近的簇节点，并向其注册。一台主机在任一时刻只能向一个簇节点注册。当变更主机的注册中心时，应先向原注册中心注销自己，然后再向新的簇节点注册。

2. 资源组织协议

AAS 资源组织主要需要如下 4 个过程。

(1) 主机向 AAS 簇节点注册 Web 服务资源过程。

当一个主机向离自己最近的簇节点注册自己的某一 Web 服务资源前，它先向权威 WSNS 申请欲给此资源命名的 Web 服务资源名 (ID 号)，申请资源名成功后，将此资源 ID 号加上资源注册信息以 WSDL 方式向距自己最近的簇节点注册。注册过程与向 UDDI 中心注册基本相似，只不过多了资源 ID 号。

(2) AAS 簇节点间资源信息交互过程。

各下级簇节点的主动以一定周期向上级簇节点提交资记录源信息，在这里不使用复杂的 WSDL，而以记录的方式交互。所提交内容为此节点当前管辖主机的可用的资源情况，以使上级中心结点更新当前资源状态。所用数据结构为

$$< \text{name} > [< \text{TTL} >][< \text{class} >] < \text{type} >< \text{data} >$$

它的解释见 8.5 节。

(3) 簇节点资源更新过程。

各簇节点维护一个资源刷新守护进程，主要作用有两个：一是每隔一个时间周期主动查询所管辖主机的资源状态，以此更新自己的“资源信息库”列表；二是检查各资源记录的 TTL 值，将 TTL 值超时的资源记录标记为不可用。

(4) 服务代理 (超级中心节点，SCCN) 与 WSNS 交互资源信息。

服务代理负责定期地与各权威 WSNS 交互以更新资源信息，以使 WSNS 透明地知道此 AAS 内的资源情况。所交互过程和所用数据结构与上面过程 (2) 类似。

8.4 用户系统

用户系统面对的是终端用户，采用类似于目前浏览器 (如 IE) 一样的 Web 服务获取器，它采用 Web 服务名称来请求服务，这种命名规则与当前 DNS 类似。可以用例 8-1 表示。

例 8-1　algorithm_grid.schedule.computer.csu.edu.cn。

它表示了中国中南大学计算机系分布式调度的网格算法这种服务。

在实际的系统中，与 DNS 此类似，Web 服务资源名采用以下机制来保证用户简易地得到 Web 服务资源名称。

(1) 在初期，可以通过查询顶级几层的 Web 服务名，当 WSNS 系统递归查询时发现并不是最末一级 Web 服务资源名，则返回此级别下的 Web 服务资源分级情况让用户选择，如此逐级下去得到用户所需的 Web 服务资源名；

(2) 当 Web 服务资源提供者增多时，也可以像当前 Web 页面一样提供相关 Web 服务资源链接，到那时 Web 服务资源极其丰富，Web 页面会逐步成为 Web 服务的很小的一部分；

(3) 当用户不太确定服务资源名时，也通过搜索系统来得到 Web 服务资源名。

8.5 WSNS 系统

Web 服务解析系统与 DNS 系统类似，是由 Web 服务解析服务器组成的多级分层分布式数据库管理系统，其作用是将 Web 服务资源空间映射到服务代理 IP 地址空间。WSNS 系统的结构由 Web 服务名称解析器、主文件、共享数据库，Web 服务名称服务器等组成，如图 8-4 所示。

Web 服务名称解析器 (resolver)：服务器上的一个应用程序。当用户程序向它发出请求时，它首先向服务器上的共享数据库提出查询请求，当从共享数据库中不能得到结果时，解析器向处于其他域的前向 WSNS 提出服务请求。

Web 服务名称服务器 (NS)：WSNS 的应用程序, 该应用程序是服务系统的启动程序。服务器启动，将主文件装入共享数据库中，并定期刷新 (cache additions) 共享数据库。

共享数据库 (shared database)：在服务器启动时，由服务器将主文件中的数据加到共享数据库中，共享数据库中包含本地域中各主机的资源记录、辅助 Web 服务名称服务器的资源记录信息和已被本域用户程序访问的其他域主机的资源记录。共享数据库为本地 Web 服务名称服务器和本地解析器提供查询服务。

解析过程如图 8-4 所示。限于篇幅在此不加叙述。

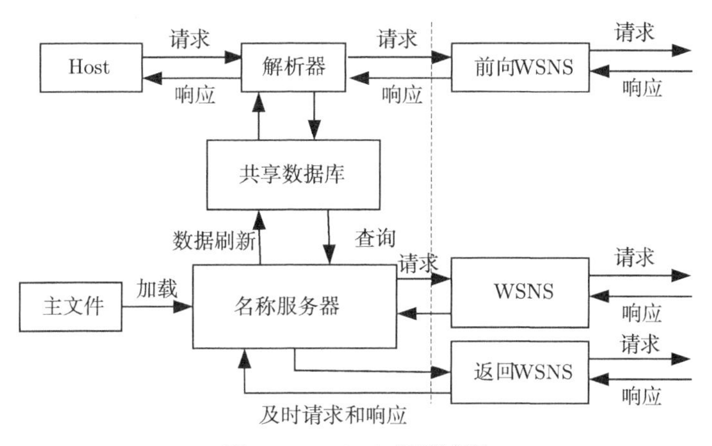

图 8-4 WSNS 解析过程

所用到的资源记录数据结构如下。

资源记录 (resource records，RR)：<name> [<TTL>] [<class>] <type><data>。

name：该字段设置 Web 服务资源 ID 号，也就是 Web 服务名称；

TTL：生存时间，该字段设置解析器再次请求 Web 服务名称服务器 (NS) 的时间间隔；

class：该字段设置资源记录所用的协议族。如果用 SOAP 协议族，该 class 可设为 “SOAP”；

type：该字段标明资源记录的类型。主要有 A：表示授权记录，A 后面的 data 表示是 IP 地址；

data：该字段的设置随 class 和 type 字段的不同而不同, 可以是主机的 IP 地址, 主机名等。

对于例 8-1 的服务名对应的记录为

algorithm_grid.schedul.computer.csu.edu.cn 30 SOAP A 202.197.66.150。

表示 algorithm_grid.schedul.computer.csu.edu.cn 所对应的 IP 地址为 202.197.66.150，TTL 时间是 30 秒，所用协议为 SOAP。

8.6 GWSA 模型的原型系统

8.6.1 系统环境

原型系统的环境平台总共为 9 台 P4 微型机，256M(512M) 内存，其中 2 台 Linux 操作系统为 RedHat7.3，作为 WSNS 系统，采用 C 语言编程实现。5 台微机操作系统采用的是 Windows2000，采用 VC6.0 编程模拟网络节点。2 台 Win2000 微机模拟用户提交申请，也用 VC6.0 实现。全部微机通过一台 16 口交换机组成一个局域网。

8.6.2 系统拓扑

原型系统的拓扑结构通过 Internet 拓扑模拟工具 BRITE[125] 产生。由于这 9 台机器物理上是通过局域网互联在一起而非依照图中拓扑互连的，因此，我们其实只是在产生拓扑图后，通过在这些物理机器上运行不同的程序来充当实际的节点，我们总共产生 48 台主机，形成四个小世界 (即四个 AAS)，每个 AAS 配置一个 SNM，形成一个服务代理 (SCCN) 运行服务代理的协议。其他节点运行相应地一般主机节点程序。配置多级多层的 Web 服务解析系统 (WSNS)，这些程序运行在 2 台 Linux 机器上，Web 服务解析服务器个数为 6。而在用户通过服务名查询得到资源代理 (SCCN) 的 IP 地址后，由于我们的节点是虚拟的，还没有实现 SOAP 协议等一整套规范。因此我们在真实的机器上安装了 OGSA 规范实现了一整套协议规范，因此我们让 SCCN 返回某台真实服务器的 IP 地址，然后就按真实的 OGSA 方式进行后面的服务提交了。

8.6.3 协议功能实现

在原型系统中，仅实现了关键功能，并做了一定的简化，主要实现 4 个功能，并在节点上运行这些算法：

(1) 通过人工配置形成 WSNS 系统，实现并运行 WSNS 协议；

(2) 通过获得动态网络拓扑信息，将聚集度最高的节点的设为超级中心簇节点 (SCCN)，即服务代理，如果有必要建立二级簇节点，并建立 “簇连接”，负责对本地 AAS 网络拓扑进行维护；

(3) 资源代理与各下级簇节点建立 “本地 Web 服务资源库”，周期性地与相邻主机交换信息,并据此刷新自己的 “本地 Web 服务资源库”，资源代理与授权 WSNS 交互，使其获得 Web 服务的绑定；

(4) 当有用户资源请求时，运行 “解析算法” 算法进行对服务请求进行解析，使用户得到服务。

8.6.4 实现实例

我们将上面系统安装后，我们按 UDDI 标准方式部署了一些服务，然后让各虚拟主机向 WSNS 申请资源号后，再向 SCCN 注册，用户系统通过 WSNS 系统查询到 SCCN 后，SCCN 返回某台真实主机的 IP 地址，而以后就以 SOAP 进行标准的 Web 服务访问，得到服务。我们运行并得到了一组查询股票的例子。

8.7 GWSA 模型的分析

8.7.1 模型的合理性

有关研究已经证明，Internet 拓扑结构均具有幂规律[95] 和小世界[95] 特性，而 GWSA 模型正是在此基础上, 建立 AAS。因此，该网络模型充分体现了资源物理组织的幂规律和小世界特性。而 WSNS 系统体现了资源的逻辑结构，与当前 DNS 类似；经过了实践的证明，适合于广域系统。

系统的简易与实用性，GWSA 模型对用户来说只要提交一个 Web 服务资源名。对用户来说，要使用底层的交互语言来描述与请求服务是不太现实的。而 GWSA 模型借鉴了当前网络的成功之处，使将来的 Web 服务就像当前的网页一样提交成为可能。在内部实现来看，充分将服务的逻辑与物理维护分开，体现了分冶与分级负载的思想。

8.7.2 协议查找效率

(1) 空间效率。

WSNS 存储的只是 Web 服务名到 IP 地址的转换，而且存储数据量是分级、分布式管理的，存储量是可以接受的。它可以动态地被裁剪，而并不影响 WSNS 的整体功能。数据的位置与结果透明：即不需要知道所要查询的资源记录所在 WSNS 服务器的具体物理位置，也无须知道请求的结果是由哪一个 WSNS 节点响应的。

对于 AAS，它只是管理本区域的数据。避免了中心式结构的数据爆炸的不足，而且提高了系统的查询与资源维护的实时性。

(2) 时间效率。

系统主要的查询时间花在 WSNS 系统上，而到达 SCCN 后，所花时间仅为一个常数据项，而且这个常数项仅为 2。WSNS 的查询效率可以与 DNS 类比，因此系统具有较高的效率；而且具有较高的可靠性，当被访问的 Web 服务名称解析服务器关机时，其他 Web 服务名称服务器会响应访问请求。

8.7.3 协议的可扩展性

在 GWSA 模型中，其协议可扩展性很强。首先，与 WSNS 类似的 DNS 系统已经证明是可无限扩展的。其次，从拓扑结构上看，由于 AAS 模型体现了小世界特性和幂规律, 不会随着规模的变化而发生变化。因此，随着 Internet 网络规模的扩展，协议可以非常平滑地适应网络规模的扩大。

8.8 本 章 小 结

本章提出了一种新颖的 Web 服务资源体系结构模型，具有较好的资源组织与定位性能及可扩展性。但由于条件的限制，没有进行大规模范围的实验，测试项目还较少，而且许多实现还很简单，考虑实践复杂性还不够，因此要得到好的实践应用还有许多值得研究的地方。

第 9 章　一种基于生成树的 Web 服务组合模型

9.1　概　　述

当前网络中缺乏把已经存在的简单服务灵活动态地组合成更加复杂服务的结构模型[129]。而服务覆盖网络 (services overlay network，SON) 较能满足普适性的 Web 服务组合需要[129]，引起了研究人员的广泛关注[7,37,130]。

本章的主要工作是提出一种新颖的 Web 服务组合覆盖网络模型，在此基础上提出一种高效的利用已执行服务资源的组合算法，理论分析与模拟实验表明该模型的有效性。

9.2　Web 服务组合覆盖网络

9.2.1　服务覆盖网的总体结构

借助于领域本体和基于接口的服务组合思想，新的服务覆盖网如图 9-1(a) 所示。它主要由三个部分组成。(1) 基本物理覆盖网：Web 服务组合网的物理底层是类似于 Chord 的 P2P 网络，各个节点 (peer) 独立地提供服务，如节点 V2 提供的服务为 S_2，S_7。(2) Web 服务组合语义网：为了有效地进行服务组合，其上的逻辑覆盖网的组成分为三个部分：①系统中所有具有输入接口相同但不同输出的节点“聚集”在一起，它们之间以蓝边相连，它表示当服务组合中以此为输入接口均可以从此蓝边相连的节点中得到功能性的满足，但是会形成不同的组合路径；如图 9-1(b) 中所示，当输入为 I_i 时，这时 S_1,S_2,S_3,S_4 均满足需求，所以 S_1,S_2,S_3,S_4 之间以蓝边相连，实际表示以此为输入时，系统中可以候选服务的集合。蓝边的“聚集”是通过每一个服务加入系统时而形成的一棵生成树，在后面我们简称为蓝边树；②系统中所有具有输入与输出相同的节点“聚集”在一起，它们之间以绿边 (图中以较粗的线表示) 相连，实际上表示系统中有多个功能完全相同的服务的集合，但提供服务的 QoS 不同。绿边的“聚集”是通过功能完全相同服务加入时形成的生成树，我们简称为绿边树；③系统中的 Web 服务组合图 (服务的前驱与后驱) 之间用有向的红边相连接，与一般 Web 服务组合图不同的是：本章的组合图对于一棵蓝边树它的前驱都是相同的，对于蓝边树中的每一个节点都会指向不同的后驱。对于每个蓝边树或者绿边组成的生成树，都有一个令牌节点来负责维护与管理树中节点的信息。(3) 分布式哈希表 (DHT)：当一个节点想要共享服务时，它分别以服务的输入接口为参数利用哈希函数得到一个 key 值，然后将此服务的其他属性如 IP 地址等用得到这个 key 值存储在 DHT 中，同样对于输出接口也用同样的方式存储在 DHT 中，一个服务重复存储了两次，这样做的好处是，便于服务的注册、查找，Web 服务组合图的形成，同时适合于领域主体的推理。例如，当要查找一个服务的前驱与后驱时，只要先独立的采用领域主体的知识得到此服务的前驱与后驱的接口信息，然后以这些接口信息采用同样的哈希函数哈希后，查找前驱后只要查找输出接口 key 值与此同的服务，而查找后驱只要查找输入接口与此 key 相同的服务，然后通过领域本体知识推理出前驱与后驱服务。

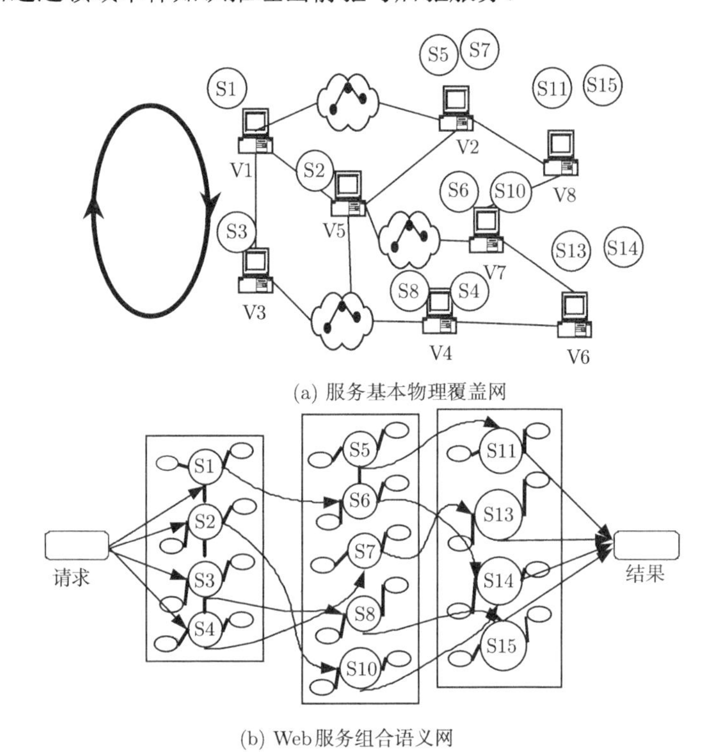

(a) 服务基本物理覆盖网

(b) Web服务组合语义网

图 9-1 Web 服务结构模型图

9.2.2 服务覆盖网的构造算法

Web 服务组合网 (Web services composition overlay network，WSCN) 的主要作用是维护正活动的服务提供者状态信息，各服务节点的资源信息以及服务与服务之间的组合关系。

在 Web 服务加入的构造算法中主要用到两种报文，一是申请加入报文 (Join_Probe)，一个是应答报文 (Ack_For_Probe)，另外在生成树中有一个令牌节点来维护树内的信息。令牌节点的产生与维护算法与一般令牌算法相同[123]，在此不做介绍。当一个新的服务产生时，它欲加入 Web 服务组合网 (WSCN) 是采用如下的构造算法。

算法 9-1 组合网络的构造算法。

步骤 1 当某个节点有服务产生欲加入到 WSCN 中，它主动向 DHT 发出一个申请加入报文 (Join_Probe) 请求；

步骤 2 DHT 以服务申请者的输入接口查找是否有此输入接口的蓝边树的注册信息，如果有则继续步骤 3，否则转到步骤 8；

步骤 3 DHT 查找此类蓝边树的 IP 地址，返回给发起者一个应答报文 (Ack_For_Probe)，告诉发起者应该加入到此蓝边树中；

步骤 4 发起者节点向此蓝边树连接加入，它首先发出一个报文 (还是 Join_Probe)；

步骤 5 当蓝边树某节点 V 接受到一个探测加入报文 Join_Probe；此接受节点向蓝边树内转发，查找此蓝边树中是否有绿边树，如果有绿边树，则绿边树接受节点请求，返回给发起者一个肯定应答报文 (Ack_For_Probe)，表示加入到此绿边树中 (这时表示系统已经存在有功能完全相同的服务了)；如果没有绿边树，则蓝边树中节点返回给发起者一个肯定应答报文 (Ack_For_Probe)，表示加入到此蓝边树中，形成蓝边树中的一个新节点，然后向 DHT 注册输出接口信息并查询得到后驱的信息，建立指向后驱的红边形成组合图 (这时表示此服务与蓝边树中的节点前驱相同，但后驱不同)；

步骤 6 不管是蓝边树还是绿边树中的节点接受了新服务的加入，接受节点 V 向此类树中拥有令牌的节点发起通告报文，然后由令牌节点采用广播方式，向同一生成树所有节点广播告之此节点的加入，此加入节点是通过节点 V 连接上此树的；

步骤 7 最后，接受新节点树的令牌节点向新加入节点发送全树所有节点状态信息，包括资源信息、拓扑信息。至此服务加入过程结束。

步骤 8 DHT 中没有此类服务的蓝边树则表示以前还未有同类功能的服务，所以 WSCN 还没有形成此类服务的完整组合图，因此 DHT 先对此服务进行注册，然后还需要形成 Web 服务组合图，既还要增加红边的连接过程，形成过程按步骤 9 中找到前驱，按步骤 10 查到后驱；

步骤 9 DHT 以此服务的输入参数进行哈希后得到 key 值，然后以 key 值查询 DHT 表，并以领域主体的推理下确定新加入服务的前驱的蓝边树；

步骤 10 DHT 以此服务的输出参数进行哈希后得到 key 值，然后以 key 值查询 DHT 表，并以领域主体的推理下确定新加入服务的后驱的蓝边树；

步骤 11 新服务节点分别以红边与前驱与后驱相连接，整个加入过程结束。

9.3 Web 服务组合算法

基于我们前面提出的 Web 服务组合网 (WSCN)，组合路径形成的基本思想是当 Web 服务请求发出后，它以自己的请求参数向 DHT 提出申请，DHT 返回给服务申请者一个起始的蓝边树地址，然后服务申请者向蓝边树发出服务组合报文，报文在蓝边树中广播，对于每一个接受到报文的蓝边节点继续向它的后驱广播，从而进入不同的蓝边树继续广播，这样经过并行计算后返回给申请者一组组合路径，申请者从中选择一个最佳路径；

算法 9-2　组合服务路径的形成。

输入：服务组合请求 $\mathrm{QoS}_{\mathrm{rep}}$ =($\mathrm{QoS}_{\mathrm{in}}$，Res，$\mathrm{QoS}_{\mathrm{out}}$)。

输出：返回最佳的服务的 QoS 组合路径:QBest。

步骤 1　服务请求者以 $\mathrm{QoS}_{\mathrm{i}}$ 向 DHT 发出服务查询，得到以 I_i 为输入参数的蓝边树的地址；

步骤 2　向蓝边树以 $\mathrm{QoS}_{\mathrm{rep}}$ 发出组合请求；

步骤 3　蓝边树接受到请求后，以广播形式在树内广播；

步骤 4　接受到报文的各蓝边树节点如果资源满足请求的最低 QoS 要求，则继续下面的步骤，否则此节点只向蓝边树内转发广播，不再有其他动作；

步骤 5　对于满足最低 QoS 要求的蓝边树中的每一个服务，它对应一棵绿边树，绿边树按 3.3.3 节中的维护算法返回树中最优的服务，此服务成为组合路径中的一个节点，它将自己节点信息附上报文后继续沿着红边向它的后驱转发组合请求；它的后驱又是一个蓝边树，继续前面的过程，直到得到的输出没有后驱或者输出参数为请求的输出 O_i，所有的服务组合返回给服务申请者；

步骤 6　服务申请者从所有组合路径中选择最优化组合路径。

9.4 系统性能分析

与本章最为相近是 Spidernet， 在后面的对比图中把我们的组合算法称为 Treenet，文献 [58] 的算法称为 Spidernet，随机组合方案称为 Randomnet。

1. Web 服务组合成功率成比

依据前面的协议实施后，我们每时间单位分别产生 300、350、400、450、500、550、600、650、700 个服务请求，即 5 组服务，每组服务持续时间为 500 个时间单位，每组服务的组合成功率为 50 次结果的平均。而产生请求的节点每次是从 random(1,10000) 中选取 100 个。每个服务持续的时间为 random(50,150)，当服务执行后，系统回收所占用的资源。

图 9-2 所示表示本章算法与 Spidernet 算法组合成功率基本相同，原因是 Spidernet 对每一个可能的候选后继服务节点都发出的组合报文，所以只要网络中有合适的节点一般就可以组合到服务，随着每单位时间请求的增多，由于资源的限制导致组合成功率下降，对于 Randomnet 由于只随机选择满足功能中的一个服务，从而排除掉了很多的可替代的组合路径，导致组合成功率下降。

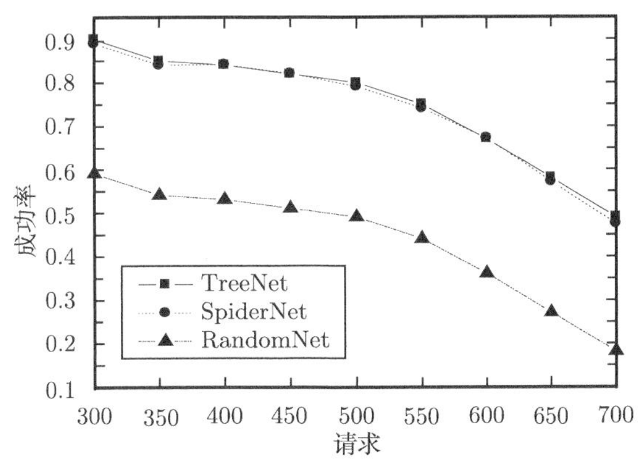

图 9-2 Web 服务组合成功率

2. Web 服务组合时间对比图

Web 服务组合时间对比结果如图 9-3 所示，采用的是每次服务组合平均所用的路径长度，从图中看出本章算法一次 Web 服务组合仅需查找一次 DHT，而采用 Spidernet 算法每经过一条路径都需要查找一次 DHT 表，而查找 DHT 需要一定的时间，假设组成 DHT 表的节点数为 n，现在已经证明查找到一个节点的所需时间为 $\log_{2n}$，我们所采用的模拟系统中采用的 DHT 表长度为 64，每经过 DAG 图

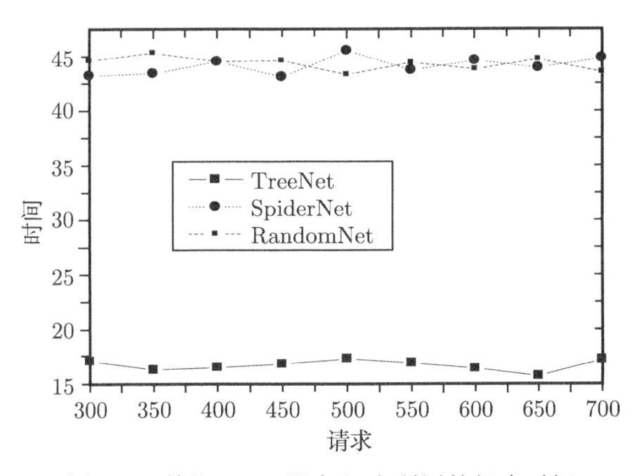

图 9-3 单位 Web 服务组合所用的组合时间

中的段多费时为 8。我们采用的对比指标同样采用一次组合中服务节点与 DHT 的 hop 数，在网络中的信息传播时间对于三种算法都是相同的，所以可以不加考虑。

3. Web 服务组合的服务质量对比图

本节对整个组合路径中所有 QoS 指标的和进行了对比。实验中采用了三种 QoS 资源指标，对比结果为平均每次请求的 QoS 与总指标对比如图 9-4 所示。

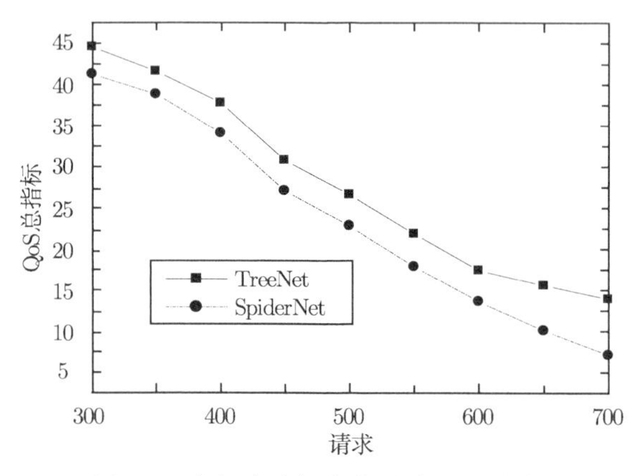

图 9-4 每组合路径中的最佳 QoS 指标

9.5 本章小结

本章主要以领域本体的和基于接口的服务组合为基础构建了一种可组合广域网络的 Web 服务组合模型，模型结合了服务的组织与组合，并具有较好的容错处理能力，可运用于快速的网络服务恢复与容错处理中。

第10章 总　　结

10.1 工作总结

随着传统软件理论与技术难以支撑互联网软件新形态和特性，网构软件[2,5,131]作为一种新的互联网软件范型孕育而生。网构软件是 Internet 环境下一种新的软件形态，以软件复用为核心思想，具有自主性、反应性、演化性、协同性和可信性等特点[132,133]。随着互联网已经逐渐成为未来软件发展和执行的平台，网构软件研究具有重要的应用前景与实际价值[6,134]。在网构软件面向服务计算网络中，动态网构软件与服务组合技术成为面向服务的计算的核心技术，是近年的研究热点。虽然互联网络中的网构软件非常丰富，但是用户得到高服务质量的网构软件与服务组合却并不容易，其中最重要的原因是互联网络中存在不可信的、甚至是恶意的服务实体，这些不可信实体严重地影响网构软件的 QoS。而且即使是可信实体间也存在相互作用、相互依赖、相互影响的关系，其对服务实体的评价与交互作用也是相对的、变化的。因而导致可信的、高服务质量的网构软件变得异常困难，因而研究与解决这些问题也更具有价值与挑战性。

本书对动态网构软件与服务组合中的可信与高 QoS 服务组合关键技术展开研究工作，对可信网构软件技术中的若个键问题进行研究。书中的创新点主要包括如下七点。

(1) 提出一种基于环境感知的服务 QoS 评价与选取策略。针对有些研究中，服务实体 QoS 的评价结果往往是对用户感知到的 QoS 一种加权，而不是服务实体当前所能够提供的 QoS 的不足。提出采用不同负载条件下所能提供的 QoS 来表征 SP 服务实体的 QoS。通过提出一种服务实体间的信任推理与演化机制来推导出对服务实体可信度与 QoS 的特征向量，并结合当前的服务负载情况，从而给出较为准确的当前服务实体所能够提供的 QoS。本书基于以上提出了服务选择算法，能够较好地提高服务组合的 QoS。

(2) 提出一种基于信任推理与演化的 Web 服务组合策略。为改变传统信任推理中的信任缺失与信任泛化的不足，提出了受限于可信实体的信任演化、实体集合的信任演化、逐步逼近评价实体的信任演化等信任推理的新方法。新的信任推理系统通过服务实体间信任关系的推导、反演与递推极大程度丰富了实体的信任关系，能够识别共谋欺骗并克服传统信任演化中直接信任关系稀小，前期信任匮乏的问题，从而提供了一种新的信任关系建模思路。以新的信任推理与演化为基础，提出了一种新的 Web 服务组合策略，较大幅度地提高了服务组合的成功率。

(3) 提出基于可信链路演化的快速服务组合研究。注意到实际服务组合中，仅通过选择高 QoS 的服务不一定能够组合出高 QoS 的服务组合。服务组合的 QoS 除了与单个服务的 QoS 相关，还与服务之间的依赖 (匹配) 程度及服务消费者 (SC) 间存在关联关系。本书依据服务主体间的交互行为，扩展了服务信任推理策略，以获取与揭示单个服务、组合链路的服务质量与可信关系，以及服务组合间的相互依赖关系。提出了一种基于可信链路的快速服务组合策略，为可信的快速服务组合提供了新的思路。

(4) 提出一种基于环境学习与感知的服务组合 PSO 算法。针对一般 PSO 算法存在收敛速度慢，不适应复杂多变、速度要求较为严格的服务组合。本书通过对鸟群觅食过程对环境感知行为的仿生。提出了一种环境感知的粒子群算法 (EAPSO)，算法通过 "记忆" 优化种群、增加鸟群视野的方法来减弱随机搜索带来的不稳定性，提高算法的速度。通过典型服务组合场景的仿真结果表明，该算法不仅具有更快的收敛速度, 而且能更有效地进行全局搜索。

(5) 提出一种可无缝结合网格 OGSA 框架的 Web 服务体系结构与动态的资源负载均衡分配模型，它以 Web 服务资源注册中心 (WSRRC) 作为 Web 服务资源查找的入口，以 Web 服务资源 ID 类形成的虚拟资源树作为资源逻辑组织与负载均衡分配结构，以小世界形成的区域代理自治系统 (APAS) 来进行 Web 服务资源的维护。并详细描述了该模型的实现机制、组织协议与数据结构，着重研究了逻辑资源树负载信息的传播机制及负载均衡策略，模拟试验表明该模型是合理而有效的：它可以在较小开销下获得较满意的资源组织与定位性能，能适应网格 Web 服务资源的异构、复杂与动态性，良好的可扩展性，具有保持全局网络负载均衡的良好性能。

(6) 提出一种有效的网格 Web 服务资源组织体系模型, 它将 Web 服务资源的逻辑结构与物理资源组织分开，以层次结构的 Web 服务解析系统 (WSNS) 来进行 Web 服务资源查找与定位，以区域自治系统 (AAS) 来进行 Web 服务资源的维护。并详细描述了该模型的实现机制、组织协议与数据结构。通过对模型的分析和对原型系统的模拟表明该模型是合理而有效的：它可以在较小开销下获得较满意的资源组织与定位性能，能适应网格 Web 服务资源的异构、复杂与动态性，多级的负载平衡，良好的可扩展性。

(7) 提出一种可组合广域范围 Web 服务的组合模型。根据领域本体及其推理能力，首先按 Web 服务的功能关系组织成不同的生成树，再依据生成树间的组合关系构成 Web 服务组合网 (WSCN)，给出了一种高效的服务组合算法。通过大量的模拟实验表明了该模型的优越性：支持基于服务质量的 Web 服务组合，服务组合成功率高，Web 服务发布、查找与组合时间快。

10.2 研究成果与应用成果

本书相关研究以国家自然科学基金、科技部 863 计划、中南大学升华学者特聘教授启动基金等众多科研项目为支撑，依托中南大学大数据与知识工程研究所和中南大学网络评审系统工程研究所积极开展相关研究工作，在研究所众多教授、科研工作者的共同努力下，发表 SCI、EI 论文数十篇，以及如下很好的应用成果。

(1) 国家、省部级项目基金。

近些年随着国家对互联网发展的大力支持，以及在大数据与知识工程研究所、网络评审系统工程研究所众多教授、科研工作者的努力下，近 5 年，申报与网构软件相关的课题达十余项。其中国家自然科学基金主要有：面向服务计算模式软件的 QoS 计算方法研究 (项目编号：61472450)、WLAN-CES 动态组网与安全传输关键技术研究 (项目编号：M1450004)、网构化软件的可信服务组合演化理论、机制与模型 (项目编号：61272150)、面向智能交通服务的车联网理论与关键技术研究 (项目编号：U1201253) 等；科技部 863 计划项目主要有：网构化软件可信评估技术与工具 (项目编号：2012AA011205) 等；教育部–中国移动科研基金主要有：知识管理与分享云服务系统关键技术研究与示范应用 (项目编号：MCM20121031) 等；中南大学升华学者特聘教授启动基金：知识管理与分享云服务系统平台研究；以及众多其他省部级科研基金项目。

(2) 应用软件平台。

随着国家大力倡导信息化建设，针对网络会议评审的需要，中南大学网络评审系统工程研究所开发团队综合运用 WIFI (wireless fidelity) 技术、USB 接口技术、FLASH 存储技术、数据加密技术等相关技术，开发出了一款带无线网络存储功能的 USB 专用接口设备 (wireless storage USB，WSUSB)。取得了以 “CES 无线自组网络数据终端” 为核心，具有自主知识产权的基于无线自组网络的会议评审软件平台。

(3) 硬件应用产品。

硬件应用产品主要包括如下 3 点。

①可自组网的无线存储器 WSUSB。

可自组网的无线存储器 WSUSB 基于无线组网技术实现，具有可配置功能。通过配置可以将指定的 WSUSB 设置成主 WSUSB 或从 WSUSB，主从 WSUSB 可以自组织形成专用的动态联盟式无线网络系统，主 WSUSB 自动感知从 WSUSB，建立主从式网络拓扑结构。专用的无线网络系统，基于 TCP 协议在主从 WSUSB 进行可靠网络传输，主从 WSUSB 间形成一个无线虚拟组织，对外部透明。外界系统感觉不到网络的存在，只能通过 WSUSB 提供的调用接口，获取网络上连接设备的状态，以消息或调用的形式实现主从 WSUSB 间的数据通讯。WSUSB 具备 U 盘即插即用功能，当 WSUSB 设备插入电脑 USB 接口后，电脑将自动识别 WSUSB 的可见存储空间，用户可对存储空间执行存储操作。专用系统可自动识别 WSUSB 的不可见存储空间，WSUSB 将自动识别，通过 WSUSB 的 MPU 的底层文件处理系统可对不可见存储空间执行存储操作。无线网络系统中的所有数据在传输过程中均进行加密保护，其他无线设备无法进入该无线网络系统。该核心技术可应用于数字化家庭、数字化医疗以及物联网等具体应用领域，实现对无线网络联合资源管理与服务质量控制。

②多口 WSUSB 并行读写器。

采用无线通信网络的隐全机制，发明了多口 WSUSB 并行读写器。由于 WSUSB 可广泛应用于各类会议评审中，计算机一次可以对一个 WSUSB 设备进行读写。为了能够快速成批地对 WSUSB 进行并行读写数据，开发了一种 32 口 WSUSB 设备专用并行读写器。该设备具有 USB HUB 的功能，通过中央控制器的控制实现了数据的并行读写。能够将数据一次性并行写入与该设备相连的 WSUSB 设备中。设备采用 USB2.0 高速传输接口，兼容 USB1.1；无须驱动程序，即插即用，支持热插拔；内置电流过载短路保护装置，保护电脑和设备不受损坏。

③国家科技奖励网络评审平台。

基于网络评审软件开发平台建立国家科技奖励网络评审平台，在政府机关、大型中央企业得到广泛推广应用，为科技评价工作的信息化、规范化和标准化奠定了基础。

10.3　进一步深入研究的工作

网构化软件的理论、方法和技术受到软件理论、软件工程、人工智能以及中间件与应用集成等多个领域研究工作的影响和推动，目前已取得了一些有价值的研究成果。但是，由于其研究历史还不算太长，网构化软件的理论体系、工程方法以及实现技术仍不成熟，在开放网络环境中实施网构化软件面临诸多技术挑战。目前还没有一个较为完善的网构化软件与服务组合体系结构模型，使得丰富的 Web 服务资源无法很好地组织、利用，缺乏较完善的 QoS 控制协议与策略[45−47]。因此，网构化软件课题是一个开放性课题，还存在许多问题需要进一步解决。进一步的工作总结为以下四点：(1) 服务环境中用户交互行为表示框架及用户知识的获取；(2) 网络交互行为的信任表达框架和知识库模型；(3) 信任–激励相容服务组合策略研究；(4) 服务系统本身缺少有效的自学习与 QoS 优化能力。

参考文献

[1] Bocchi L, Tuosto E. Attribute-based transactions in service oriented computing[J]. Mathematical Structures in Computer Science, 2015, 25(03): 619-665.

[2] Mei H, Huang G, Xie T. Internetware: A software paradigm for internet computing[J]. Computer, 2012 (6): 26-31.

[3] Barry D K. Web Services, Service-Oriented Architectures. and Cloud Computing: The Savvy Manager's Guide (The Savvy Manager's Guides)[M]. San Francisco: Morgan kavfmam Publishers, 2012.

[4] Tsalgatidou A, Pilioura T. An overview of standards and related technology in web services[J]. Distributed and Parallel Databases, 2002, 12(2-3): 135-162.

[5] Mei H, Liu X Z. Internetware: An emerging software paradigm for Internet computing[J]. Journal of computer science and technology, 2011, 26(4): 588-599.

[6] Bertolino A, Blake M B, Mehra P, et al. Software Engineering for Internet Computing: Internetware and Beyond (Guest editors' introduction)[J]. Software, IEEE, 2015, 32(1): 35-37.

[7] Huang G, Mei H, Yang F Q. Runtime software architecture based on reflective middleware[J]. Science in China Series F: Information Sciences, 2004, 47(5): 555-576.

[8] 刘譞哲, 黄罡, 梅宏. 用户驱动的服务聚合方法及其支撑框架 [J]. 软件学报, 2007, 18(8): 1883-1895.

[9] Zeng L Z, Benatallah B, Ngu A H H, et al. Qos-aware middleware for web services composition[J]. Software Engineering, IEEE Transactions on, 2004, 30(5): 311-327.

[10] Wang Y, Vassileva J. A review on trust and reputation for web service selection[C]. Distributed Computing Systems Workshops, 2007. ICDCSW'07. 27th International Conference on. IEEE, 2007.

[11] Vu L H, Hauswirth M, Aberer K. QoS-based service selection and ranking with trust and reputation management[M]. Berlin: Springer Berlin Heidelberg, 2005.

[12] 邵凌霜, 李田, 赵俊峰, 等. 一种可扩展的 Web Service QoS 管理框架 [J]. 计算机学报, 2008, 31(8): 1458-1470.

[13] Manikrao U S, Prabhakar T V. Dynamic selection of web services with recommendation system[C]. Next Generation Web Services Practices, 2005. NWeSP 2005. International Conference on. IEEE, 2005.

[14] Klein M. XML, RDF, and relatives[J]. IEEE Intelligent Systems, 2001 (2): 26-28.

[15] Sathya M, Swarnamugi M, Dhavachelvan P, et al. Evaluation of qos based web-service

selection techniques for service composition[J]. International Journal of Software Engineering, 2010, 1(5): 73-90.

[16] 徐萌. 基于服务关系的服务组合相关技术研究 [D]. 北京: 北京邮电大学博士学位论文, 2007.

[17] Majithia S, Walker D W, Gray W A. A framework for automated service composition in service-oriented architectures[M]. Berlin: Springer Berlin Heidelberg, 2004.

[18] Oh S C, Lee D, Kumara S R T. WSPR: an effective and scalable Web service composition algorithm[J]. International Journal of Web Services Research, 2007, 4(1): 1-22.

[19] Foster I, Roy A, Sander V. A quality of service architecture that combines resource reservation and application adaptation[C]. Quality of Service, 2000. IWQOS. 2000 Eighth International Workshop on. IEEE, 2000.

[20] Aljazzaf Z. Bootstrapping quality of Web services[J]. Journal of King Saud University-Computer and Information Sciences, 2015.

[21] Al-Ali R, Amin K, Von Laszewski G, et al. An OGSA-based quality of service framework[J]. Grid and Cooperative Computing, 2004: 529-540.

[22] Al-Ali R, Hafid A, Rana O, et al. An approach for quality of service adaptation in service-oriented Grids[J]. Concurrency and Computation: Practice and Experience, 2004, 16(5): 401-412.

[23] 代钰, 杨雷, 张斌, 等. 支持组合服务选取的 QoS 模型及优化求解 [J]. 计算机学报, 2006, 29(7):1167-1178.

[24] Benatallah B, Dumas M, Sheng Q Z, et al. Declarative composition and peer-to-peer provisioning of dynamic web services[C]. Data Engineering, 2002. Proceedings. 18th International Conference on. IEEE, 2002.

[25] Zeng L Z, Benatallah B, Dumas M, et al. Quality driven web services composition[C]. Proceedings of the 12th international conference on World Wide Web. ACM, 2003.

[26] Silaghi G C, Arenas A E, Silva L M. Reputation-based trust management systems and their applicability to grids[J]. Institutes on Knowledge and Data Management and System Architecture, CoreGRID-Network of Excellence, Tech. Rep. TR-0064, 2007.

[27] 李景涛, 荆一楠, 肖晓春, 等. 基于相似度加权推荐的 P2P 环境下的信任模型 [J]. 软件学报, 2007, 18(1): 157-167.

[28] 叶世阳, 魏峻, 李磊, 等. 支持服务关联的组合服务选择方法研究 [J]. 计算机学报, 2008, 31(8): 1383-1397.

[29] Blum A L, Furst M L. Fast planning through planning graph analysis[J]. Artificial intelligence, 1997, 90(1): 281-300.

[30] Chen Y, Huang J W, Lin C, Hu J. A Partial Selection Methodology for Efficient QoS-Aware Service Composition[J].IEEE Transactions on Services Computing, 2015, 8(3): 384-397.

[31] Li Z, Bin Z, Ying L, et al. A Web service QoS prediction approach based on collaborative filtering[C].Services Computing Conference (APSCC), 2010 IEEE Asia-Pacific. IEEE, 2010.

[32] Donato D, Paniccia M, Selis M, et al. New metrics for reputation management in P2P networks[C]. Proceedings of the 3rd international workshop on Adversarial information retrieval on the web. ACM, 2007.

[33] 胡春华, 吴敏, 刘国平. Web 服务工作流中基于信任关系的 QoS 调度 [J]. 计算机学报, 2009 (1): 42-53.

[34] Ran S. A model for web services discovery with QoS[J]. ACM Sigecom exchanges, 2003, 4(1): 1-10.

[35] Austin D, Barbir A, Ferris C, et al. Web services architecture requirements[J]. World Wide Web Consortium, 2002, 9(5):72-81.

[36] Xu Y S, Yin J W, Lo W. A Unified Framework of QoS-Based Web Service Recommendation with Neighborhood-Extended Matrix Factorization[C]. Service-Oriented Computing and Applications (SOCA), 2013 IEEE 6th International Conference on. IEEE, 2013.

[37] Ponnekanti S R, Fox A. Sword: A developer toolkit for web service composition[C]. Proc. of the Eleventh International World Wide Web Conference, Honolulu, HI. 2002.

[38] Wu D, Sirin E, Hendler J, et al. Automatic web services composition using shop2[R]. MARYLAND UNIV COLLEGE PARK DEPT OF COMPUTER SCIENCE, 2006.

[39] Kim J, Gil Y. Towards interactive composition of semantic web services[C]. in Proceedings of the AAAI Spring Symposium on Semantic Web Services, 22nd-24th March. 2004.

[40] Bul'ajoul W, James A, Pannu M. Improving network intrusion detection system performance through quality of service configuration and parallel technology[J]. Journal of Computer and System Sciences, 2015, 81(6): 981-999.

[41] Dastjerdi A V, Garg S K, Rana O F, et al. CloudPick: a framework for QoS-aware and ontology-based service deployment across clouds[J]. Software: Practice and Experience, 2015, 45(2): 197-231.

[42] 曹健, 张申生, 李明禄. 基于目标驱动和过程重用的 Web 服务客户化定制模型 [J]. 计算机学报, 2005, 28(4): 721-730.

[43] Foster I, Kesselman C. The Globus project: A status report[J]. Future Generation Computer Systems, 1999, 15(5): 607-621.

[44] 徐伟, 金蓓弘, 李京, 等. 一种基于移动 Agent 的复合 Web 服务容错模型 [J]. 计算机学报, 2005, 28(4): 558-567.

[45] 房俊, 虎嵩林, 韩燕波, 等. 一种支持业务端编程的服务虚拟化机制 VINCA-VM[J]. 计算机学报, 2005, 28(4): 549-557.

[46] 金海, 陈汉华, 吕志鹏, 等. CGSP 作业管理器合成服务的 QoS 优化模型及求解[J]. 计算机学报, 2005, 28(4): 578-588.

[47] 杜宗霞, 怀进鹏. 主动分布式 Web 服务注册机制研究与实现[J]. 软件学报, 2006, 17(3): 454-462.

[48] Bechhofer S. OWL: Web ontology language[M]. New York: Springer US, 2009.

[49] W3C Web Services Activity[EB]. http://www.w3.org/2002/ws/.

[50] BPEL4WS[EB]. http://www. bpmi. org, 2003.

[51] 龚小勇. 基于 QoS 的 Web 服务发现与组合方法研究[D]. 重庆: 重庆大学博士学位论文, 2008.

[52] 廖军. 面向服务的计算 (SOC) 中服务组合的研究 —— 服务计算中一个关键问题的解决方案[D]. 成都: 电子科技大学博士学位论文, 2006.

[53] 袁禄来, 曾国荪, 姜黎立, 等. 网格环境下基于信任模型的动态级调度[J]. 计算机学报, 2006, 29(7): 1217-1224.

[54] Gu X H, Nahrstedt K, Chang R N, Ward C. QoS-assured service composition in managed service overlay networks[C]. Distributed Computing Systems, 2003. Proceedings. 23rd International Conference on. IEEE, 2003.

[55] Agarwal M, Parashar M. Enabling autonomic compositions in grid environments[C]. Proceedings of the 4th International Workshop on Grid Computing. IEEE Computer Society, 2003.

[56] Lin S Y, Lai C H, Wu C H, et al. A trustworthy QoS-based collaborative filtering approach for web service discovery[J]. Journal of Systems and Software, 2014, 93: 217-228.

[57] Yu C Y, Huang L P. Time-Aware Collaborative Filtering for QoS-Based Service Recommendation[C].Web Services (ICWS), 2014 IEEE International Conference on. IEEE, 2014.

[58] Gu X, Nahrstedt K, Yu B. SpiderNet: An integrated peer-to-peer service composition framework[C]. High performance Distributed Computing, 2004. Proceedings. 13th IEEE International Symposium on. IEEE, 2004.

[59] 李刚, 马修军, 韩燕波, 等. 动态网络环境下的透明服务组合[J]. 计算机学报, 2007, 30:579-587.

[60] 李文中, 郭胜, 许平, 等. 服务组合中一种自适应的负载均衡算法[J]. 软件学报, 2006, 17(5): 1068-1077.

[61] 范小芹, 蒋昌俊, 王俊丽, 等. 随机 QoS 感知的可靠 Web 服务聚合[J]. 软件学报, 2009, 20(3): 546-556.

[62] Zhang J, Chang C K, Chung J Y, et al. WS-Net: A Petri-net Based Specification Model for Web Services[J]. Web Services. proceedings. IEEE International Conference on, 2004: 420-427.

[63] Xin D A, Dong X, Halevy A, et al. Similarity Search for Web Services[C]. In Proc. of VLDB. 2004.

[64] Bryson J, Martin D, Mcilraith S, Stein L. Toward Behavioral Intelligence in the Semantic Web.[J]. Computer, 2002, 35(11):48-54.

[65] Korhonen J, Pajunen L, Puustjärvi J. Automatic Composition of Web Service Workflows Using a Semantic Agent[C]. Web Intelligence, IEEE/WIC/ACM International Conference on. IEEE Computer Society, 2003.

[66] 张伟哲, 方滨兴, 胡铭曾, 等. 基于信任 QoS 增强的网格服务调度算法[J]. 计算机学报, 2006, 29(7):1157-1166.

[67] 王远, 吕建, 徐锋, 等. 一个适用于网构软件的信任度量及演化模型[J]. 软件学报, 2006, 17(4):682-690.

[68] 朱峻茂, 杨寿保, 樊建平, 等. Grid 与 P2P 混合计算环境下基于推荐证据推理的信任模型[J]. 计算机研究与发展, 2005, 42(5):797-803.

[69] Damiani E, Vimercati D C D, Paraboschi S, et al. A Reputation-Based Approach for Choosing Reliable Resources in Peer-to-Peer Networks[J]. Proceedings of Acm Conference on Computer & Communications Security, 2002: 207-216.

[70] Jurca R, Faltings B. Eliciting truthful feedback for binary reputation mechanisms[C]. Proceedings of the 2004 IEEE/WIC/ACM International Conference on Web Intelligence. IEEE Computer Society, 2004.

[71] 彭京, 唐常杰, 元昌安, 等. 一种基于概念相似度的数据分类方法[J]. 软件学报, 2007, 18(2): 311-322.

[72] 付晓东, 邹平, 姜瑛. 基于质量相似度的 Web 服务信誉度量[J]. 计算机集成制造系统, 2008, 14(3): 619-624.

[73] Cui B, Mei H, Ooi B C. Big data: the driver for innovation in databases[J]. National Science Review, 2014, 1(1): 27-30.

[74] Pandey S, Nepal S. Cloud Computing and scientific applications—big data, scalable analytics, and beyond[J]. Future Generation Computer Systems, 2013 (29): 1774–1776.

[75] Hashem I A T, Yaqoob I, Anuar N B, et al. The rise of "big data" on cloud computing: review and open research issues[J]. Information Systems, 2015, 47: 98-115.

[76] Sandhu R, Sood S K. Scheduling of big data applications on distributed cloud based on QoS parameters[J]. Cluster Computing, 2015, 18(2): 817-828.

[77] Lin J W, Chen C H, Chang J M. QoS-aware data replication for data-intensive applications in cloud computing systems[J]. Cloud Computing, IEEE Transactions on, 2013, 1(1): 101-115.

[78] Mao C Y, Chen J F, Towey D, et al. Search-based QoS ranking prediction for web services in cloud environments[J]. Future Generation Computer Systems, 2015.

[79] Chen J H, Abedin F, Chao K M, et al. A hybrid model for cloud providers and consumers to agree on QoS of cloud services[J]. Future Generation Computer Systems, 2015: 38–48.

[80] 张尧学. 透明计算: 概念、结构和示例[J]. 电子学报, 2004, 32:169-174.

[81] 张尧学, 周悦芝. 一种云计算操作系统 TransOS: 基于透明计算的设计与实现[J]. 电子学报, 2011, 39(5):985-990.

[82] Zhang Y X, Zhou Y Z. Transparent computing: a new paradigm for pervasive computing[M]. Berlin: Springer Berlin Heidelberg, 2006.

[83] Zhou Y X, Zhang Y Z. Transparent computing: concepts, architecture, and implementation[M]. Singapore: Cengage Learning Asia, 2010.

[84] 马晓星, 余萍, 陶先平, 等. 一种面向服务的动态协同架构及其支撑平台[J]. 计算机学报, 2005, 28(4): 467-477.

[85] 胡建强, 邹鹏, 王怀民, 等. Web 服务描述语言 QWSDL 和服务匹配模型研究[J]. 计算机学报, 2005, 28(4): 505-513.

[86] Chadwick D W, Otenko A. The PERMIS X. 509 role based privilege management infrastructure[J]. Future Generation Computer Systems, 2003, 19(2): 277-289.

[87] Pearlman L, Welch V, Foster I, et al. A community authorization service for group collaboration[C]. Policies for Distributed Systems and Networks, 2002. Proceedings. Third International Workshop on. IEEE, 2002.

[88] 姜守旭, 李建中. 一种 P2P 电子商务系统中基于声誉的信任机制[J]. 软件学报, 2007, 18(10): 2551-2563.

[89] 窦文, 王怀民, 贾焰, 等. 构造基于推荐的 Peer-to-Peer 环境下的 Trust 模型[J]. 软件学报, 2004, 15(4): 571-583.

[90] Song S, Hwang K, Zhou R F, et al. Trusted P2P transactions with fuzzy reputation aggregation[J]. Internet Computing, IEEE, 2005, 9(6): 24-34.

[91] UDDI. org. UDDIspecTC, Version3.0.2, 2004. http://www.uddi.org/pubs/uddi.

[92] 岳昆, 刘惟一, 王晓玲, 等. 一种基于不确定性因素叠加的 Web 服务质量度量方法 [J]. 计算机研究与发展, 2015, 46(5): 841-849.

[93] 蒋哲远, 韩江洪, 王钊. 动态的 QoS 感知 Web 服务选择和组合优化模型[J]. 计算机学报, 2009 (5): 1014-1025.

[94] Watts D J, Strogatz S H. Collective dynamics of ‘small-world’networks[J]. nature, 1998, 393(6684): 440-442.

[95] Barabási A L, Albert R. Emergence of scaling in random networks[J]. science, 1999, 286(5439): 509-512.

[96] Jovanovic M A. Modeling large-scale peer-to-peer networks and a case study of Gnutella[D]. University of Cincinnati, 2001.

[97] 金瑜, 古志民, 班志杰. 一种新的 P2P 系统中基于双 ratings 的声誉管理机制[J]. 计算机研究与发展, 2015, 45(6): 942-950.

[98] 刘济波, 朱培栋, 胡春华, 等. 基于两层声誉演化模型的服务组合选取策略[J]. 中南大学学报：自然科学版, 2009, 40(3):756-762.

[99] Saroiu S, Gummadi P K, Gribble S D. Measurement study of peer-to-peer file sharing systems[C]. Electronic Imaging 2002. International Society for Optics and Photonics, 2001.

[100] 陈志刚, 刘安丰, 熊策, 等. 一种有效负载均衡的网格 Web 服务体系结构模型[J]. 计算机学报, 2005, 28(4): 458-466.

[101] Open Grid Forum: Project:OGSA-AUTHZ-WG[EB]. https: //forge. gridforum. org/sf /projects/ogsa-authz.

[102] Thompson M R, Essiari A, Mudumbai S. Certificate-based authorization policy in a PKI environment[J]. ACM Transactions on Information and System Security (TISSEC), 2003, 6(4): 566-588.

[103] 陈学勤. 基于 Web 服务的虚拟采办若干关键技术研究[D]. 南京: 南京理工大学博士学位论文, 2009.

[104] 唐扬斌. 虚拟计算环境下的组信誉与激励机制研究[D]. 长沙: 国防科学技术大学博士学位论文, 2007.

[105] 常俊胜. 虚拟计算环境下基于信誉的信任管理研究[D]. 长沙: 国防科学技术大学博士学位论文, 2008.

[106] 张骞, 张霞, 文学志, 等. Peer-to-Peer 环境下多粒度 Trust 模型构造[J]. 软件学报, 2006, 17(1): 96-107.

[107] He X S, Sun X H, Von Laszewski G. QoS guided min-min heuristic for grid task scheduling[J]. Journal of Computer Science and Technology, 2003, 18(4): 442-451.

[108] Weng C L, Lu X D. Heuristic scheduling for bag-of-tasks applications in combination with QoS in the computational grid[J]. Future Generation Computer Systems, 2005, 21(2): 271-280.

[109] Kennedy J. Particle Swarm Optimization[M]. New York: Springer US, 2010.

[110] Eberhart R C, Shi Y H. Particle swarm optimization: developments, applications and resources[C]. Evolutionary Computation, 2001. Proceedings of the 2001 Congress on. IEEE, 2001.

[111] Ratnaweera A, Halgamuge S K, Watson H C. Self-organizing hierarchical particle swarm optimizer with time-varying acceleration coefficients[J]. Evolutionary Computation, IEEE Transactions on, 2004, 8(3): 240-255.

[112] 岳昆, 王晓玲, 周傲英. Web 服务核心支撑技术: 研究综述[J]. 软件学报, 2004, 15(3): 428-442.

[113] Gil Y, Deelman E, Blythe J, et al. Artificial intelligence and grids: Workflow planning and beyond[J]. Intelligent Systems, IEEE, 2004, 19(1): 26-33.

[114] Mui L. Computational models of trust and reputation: Agents, evolutionary games, and social networks[D]. Massachusetts Institute of Technology, 2002.

[115] Golberg D E. Genetic algorithms in search, optimization, and machine learning[J]. Addion wesley, 1989.

[116] Tian M, Gramm A, Ritter H, et al. Efficient selection and monitoring of QoS-aware web services with the WS-QoS framework[C]. Proceedings of the 2004 IEEE/WIC/ACM International Conference on Web Intelligence. IEEE Computer Society, 2004.

[117] Foster I, Kesselman C, Nick J, et al. The physiology of the grid: An open grid services architecture for distributed systems integration. 2002[J]. Globus Project, 2004.

[118] Litzkow M J, Livny M, Mutka M W. Condor—a hunter of idle workstations[C]. Distributed Computing Systems, 1988., 8th International Conference on. IEEE, 1988.

[119] Li W, Xu Z W, Bu G Y, et al. An effective resource locating algorithm in grid environments[J]. Chinese Journal of Computers, 2003, 26(11): 1546-1549.

[120] Rajasekar A K, Moore R W. Data and metadata collections for scientific applications[M]. Berlin: Springer Berlin Heidelberg, 2001.

[121] Semret N. Market mechanisms for network resource sharing[D]. Columbia University, 1999.

[122] Wolski R, Plank J S, Bryan T, et al. G-commerce: Market formulations controlling resource allocation on the computational grid[C]. Parallel and Distributed Processing Symposium., Proceedings 15th International. IEEE, 2001.

[123] Hong S H, Kim Y C. Implementation of a bandwidth allocation scheme in a token-passing fieldbus network[J]. Instrumentation and Measurement, IEEE Transactions on, 2002, 51(2): 246-251.

[124] Faloutsos M, Faloutsos P, Faloutsos C. On power-law relationships of the internet topology[C]. ACM SIGCOMM computer communication review. ACM, 1999.

[125] Bu T, Towsley D. On distinguishing between Internet power law topology generators[C]. INFOCOM 2002. Twenty-First Annual Joint Conference of the IEEE Computer and Communications Societies. Proceedings. IEEE. IEEE, 2002.

[126] Chapin S J, Katramatos D, Karpovich J, Grimshaw A, et al. Resource management in legion[J]. Future Generation Computer Systems, 1999, 15(5): 583-594.

[127] 李伟, 徐志伟. 一种网格资源空间模型及其应用[J]. 计算机研究与发展, 2004, 40(12): 1756-1762.

[128] 冯百明, 刘兴武, 李伟. 一种面向消费者的服务发现机制[J]. 计算机研究与发展, 2003, 40(12): 1787-1790.

[129] Gustavo A, Casati F, Kuno H, et al. Web services: concepts, architectures and applications[J]. 2004.

[130] Li Y, Zhou Y, Wu Z H. Abstract software architecture model based on network component[J]. Journal of Zhejiang University (Engineering Science), 2004, 38(11): 1402-1407.

[131] 梅宏, 申峻嵘. 软件体系结构研究进展 [J]. 软件学报, 2006, 17(6): 1257-1275.

[132] Mei H. Internetware: Challenges and future direction of software paradigm for Internet as a computer[C].2010 34th Annual IEEE Computer Software and Applications Conference. IEEE, 2010: 14-16.

[133] 梅宏, 黄罡, 赵海燕, 等. 一种以软件体系结构为中心的网构软件开发方法 [J]. 中国科学: E 辑, 2006, 36(10): 1100-1126.

[134] Mei H, Huang G, Lan L, et al. A software architecture centric self-adaptation approach for Internetware[J]. Science in China Series F: Information Sciences, 2008, 51(6): 722-742.